MICHAEL KUHN, ASTRID LAMBRECHT,
JAKOB ABERMANN, GERNOT PATZELT und GÜNTHER GROSS

DIE ÖSTERREICHISCHEN GLETSCHER 1998 UND 1969, FLÄCHEN- UND VOLUMENÄNDERUNGEN

Österreichische Akademie der Wissenschaften
Kommission für die wissenschaftliche Zusammenarbeit
mit Dienststellen des BM für Landesverteidigung

Projektberichte
Herausgegeben von Hans Sünkel

Verlag der Österreichischen Akademie der Wissenschaften
Wien 2008

MICHAEL KUHN, ASTRID LAMBRECHT,
JAKOB ABERMANN, GERNOT PATZELT
und GÜNTHER GROSS

DIE ÖSTERREICHISCHEN GLETSCHER 1998 UND 1969, FLÄCHEN- UND VOLUMENÄNDERUNGEN

AUSTRIAN GLACIERS 1998 AND 1969, AREAS AND VOLUME CHANGES

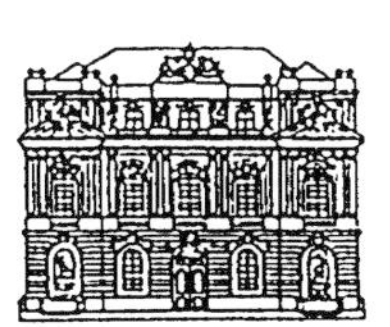

VERLAG DER ÖSTERREICHISCHEN AKADEMIE DER WISSENSCHAFTEN
WIEN 2008

Vorgelegt bei der Sitzung
der math.-nat. Klasse
am 11. Dezember 2008

ISBN 978-37001-6616-0

IMPRESSUM

Medieninhaber und
Herausgeber:
Österreichische
Akademie der
Wissenschaften

Kommissionsobmann:
o. Univ.-Prof. DI Dr. Hans Sünkel

Layout:
Dr. Katja Skodacsek

Lektorat:
DDr. Josef Kohlbacher

Druck:
DieDrucker
Mauerbach/Wien

Wien, im Dezember 2008

Editorial

Die Kommission der Österreichischen Akademie der Wissenschaften für die wissenschaftliche Zusammenarbeit mit Dienststellen des Bundesministeriums für Landesverteidigung wurde auf Initiative von Herrn Altpräsidenten em. o. Univ.-Prof. Dr. Dr. h.c. Otto HITTMAIR und Herrn General i. R. Erich EDER in der Gesamtsitzung der Österreichischen Akademie der Wissenschaften am 4. März 1994 gegründet.

Entsprechend dem Übereinkommen zwischen der Österreichischen Akademie der Wissenschaften und dem Bundesministerium für Landesverteidigung besteht die Zielsetzung der Kommission darin, für Projekte der Grundlagenforschung von Mitgliedern der Österreichischen Akademie der Wissenschaften, deren Fragestellungen auch für das Bundesministerium für Landesverteidigung eine gewisse Relevanz besitzen, die finanzielle Unterstützung des Bundesministeriums zu gewinnen. Von Seiten des Bundesministeriums für Landesverteidigung wird andererseits die Möglichkeit wahrgenommen, den im eigenen Bereich nicht abgedeckten Forschungsbedarf an Mitglieder der höchstrangigen wissenschaftlichen Institution Österreichs vergeben zu können.

In der Sitzung der Kommission am 16. Oktober 1998 wurde der einstimmige Beschluss gefasst, eine Publikationsreihe zu eröffnen, in der wichtige Ergebnisse von Forschungsprojekten in Form von Booklets dargestellt werden.

Meiner Vorgängerin in der Funktion des Kommissionsobmanns, Frau em. o. Univ.-Prof. Dr. DDr. h.c. Elisabeth LICHTENBERGER, sind die Realisierung und die moderne, zweckmäßige Gestaltung dieser Publikationsreihe zu verdanken.

Das Bundesministerium für Landesverteidigung hat dankenswerterweise die Finanzierung der Projektberichte übernommen, welche im Verlag der Österreichischen Akademie der Wissenschaften erscheinen.

Hiermit wird

- Projektbericht 10:
  Michael Kuhn, Astrid Lambrecht, Jakob Abermann, Gernot Patzelt und Günther Groß: Die österreichischen Gletscher 1998 und 1969, Flächen- und Volumenänderungen

vorgelegt.

Wien, im Dezember 2008 Hans Sünkel

Vorwort

Die Kommission für Geophysikalische Forschungen und die Kommission für die Wissenschaftliche Zusammenarbeit mit Dienststellen des Bundesministeriums für Landesverteidigung der Österreichischen Akademie der Wissenschaften haben 1994 beschlossen, ein neues Inventar der österreichischen Gletscher zu erstellen und dabei nach den Richtlinien des World Glacier Inventory vorzugehen.

Die Durchführung des Projekts wurde dem Institut für Meteorologie und Geophysik der Universität Innsbruck übertragen, das seinerseits mit der Hilfe vieler öffentlicher Stellen und kommerzieller Unternehmen rechnen konnte.

Das Ziel des Projekts war die Inventarisierung aller österreichischen Gletscher auf der Basis von Luftbildern aus dem Zeitraum 1996–2002, die Neuauswertung des Inventars von 1969, die digitale Erfassung der Gletscher und ihrer Umgebung im 5-m-Raster, die Erstellung von Schichtlinienplänen 1:10.000 und Orthophotos 1:10.000, die Berechnung der Flächen-Höhen-Verteilung in 50-m-Stufen, die Berechnung der Flächen-, Höhen- und Volumenänderungen von 1969 bis 1998 und die Pflege dieser Produkte in einer Datenbank.

Die Luftbilder wurden in den Jahren von 1996 bis 2002 aufgenommen und photogrammetrisch ausgewertet, wobei die meisten Aufnahmen aus dem Jahr 1998 stammen.

Der vorliegende Band gibt einen Überblick über die Arbeitsweise und Ergebnisse des Projekts und bringt für 34 ausgewählte Gletschergebiete ganzseitige Orthophotos und Darstellungen der Eisdickenänderungen von 1969 bis 1998.

Wien, im Dezember 2008

Michael Kuhn

Inhaltsverzeichnis

Summary

The Commission of Geophysical Research and the Commission for Cooperation with the Ministry of Defence, both at the Austrian Academy of Sciences, have proposed in 1994 to establish a new inventory of Austrian glaciers according to the rules of the World Glacier Inventory. The project was carried out at the Institute of Meteorology and Geophysics of the University of Innsbruck with ample public and commercial support.

The aim of the project was to process all Austrian glaciers from aerial photographs taken between 1996 and 2002, duly homogenized to the year 1998 when the majority of the ice area was covered; a re-evaluation of the inventory of 1969; construction of digital elevation models with 5 m grid; maps and rectified photographs on a scale of 1:10.000; the evaluation of glacier areas in 50 m elevation bands and the evaluation of changes in ice thickness from 1969 to 1998.

The present volume gives a survey of the methods and results of the project and presents large scale rectified photographs and maps of ice thickness changes 1969-98 for 34 selected glacier areas.

1 Einführung

Die Kommission für Geophysikalische Forschungen der Österreichischen Akademie der Wissenschaften hat 1993 beschlossen, die Aufnahme eines neuen Inventars der österreichischen Gletscher zu fördern und das Institut für Meteorologie und Geophysik der Universität Innsbruck damit beauftragt.

Diese Daten stellen das Gletschereis als wichtigen Rohstoff dar, der für Energie- und Wasserwirtschaft, Tourismus sowie Land- und Forstwirtschaft Bedeutung hat. Das Gletscherinventar ist darüber hinaus eine Grundlage für die Klima- und Klimafolgenforschung und soll für wissenschaftliche Untersuchungen an den Universitäten und anderen Forschungseinrichtungen in Österreich zur Verfügung stehen.

Im Sinne einer umfassenden Landesverteidigung wurde das Projekt vom Bundesministerium für Landesverteidigung über die Kommission für die Wissenschaftliche Zusammenarbeit mit Dienststellen des Bundesministeriums für Landesverteidigung der Österreichischen Akademie der Wissenschaften unterstützt.

Das Projekt hat die Erfassung der Eisflächen aller österreichischen Gletscher nach den Vorschriften des *World Glacier Inventory* (Müller und Scherler 1980) zum Ziel. Zusätzlich wird an den größeren Gletschern die Dicke des Eises mit elektromagnetischen Reflexionsmethoden (Radio-Echolot) gemessen.

Als Endprodukt sind digitale Höhenmodelle, Schichtlinienpläne und Orthophotos aller Gletscher erstellt worden, aus denen die Eisflächen nach Höhenstufen und Hangrichtung in digitaler Form zur Verfügung stehen.

2 Vorarbeiten

Die Planung des Projekts wurde am Institut für Meteorologie und Geophysik der Universität Innsbruck im Jahr 1992 begonnen und in Rücksprache mit den Interessenten laufend weitergeführt. Ungünstige Witterung verhinderte den Beginn der Befliegung bis 1996.

Die Radarsondierungen der Eisdicken wurden seit 1993 mit Mitteln der Kommission für Geophysikalische Forschungen der Österreichischen Akademie der Wissenschaften und mit Unterstützung einiger Gletscherskigebiete vom Institut für Meteorologie und Geophysik der Universität Innsbruck ausgeführt und 1997 mit gleichzeitigen reflexionsseismischen Messungen der TU Wien überprüft. Die Ergebnisse wurden in den Österreichischen Beiträgen zu Meteorologie und Geophysik veröffentlicht.[1]

1996 und 1997 wurden Workshops veranstaltet, in denen der Stand der Planung und der Durchführung von allen Interessenten, d.h. potentiellen Benutzern der Endergebnisse und möglichen Mitarbeitern bei der Luftbildauswertung, besprochen wurde.

Mit finanzieller Unterstützung des Amts der Tiroler Landesregierung wurden eine Pilotstudie und zwei Projektstudien an die Technische Universität München und an die

[1] Span et al. 2005, Fischer et al. 2007.

Kommission für Glaziologie der Bayerischen Akademie der Wissenschaften in Auftrag gegeben.[2] Dabei waren die Genauigkeit der Erfassung der Höhen und Flächen, die Abwägung von Genauigkeit gegenüber dem Aufwand bei der photogrammetrischen Auswertung sowie bei der Digitalisierung der Höhenlinienpläne von 1969 zu bestimmen. Als Testgebiet dienten die Gletscher im Bereich der Berliner Hütte im Zillertal, die schon seit Langem detailliert untersucht worden waren.[3]

In den Sommern 1996 bis 1998 wurden von der Luftbildkompanie des Bundesheers 70 % der Gletscherfläche aufgenommen, große Flächen auch vom Bundesamt für Eich- und Vermessungswesen (BEV). Der Nationalpark Hohe Tauern hat 1998 Farbaufnahmen seines Gebiets durchführen lassen und sie dem Projekt großzügig zur Verfügung gestellt.

Da die Aufnahmen einiger Gebiete zur photogrammetrischen Auswertung nicht geeignet waren, wurden Ergänzungsflüge bis zum Sommer 2002 durchgeführt. Die Daten der Aufnahmen von 1996 bis 2002 wurden mit einem Massenhaushaltsmodell einheitlich auf das Jahr 1998 umgerechnet, in dem der größte Flächenanteil aufgenommen worden war.

3 Kooperationen

Das Bundesamt für Eich- und Vermessungswesen hat das österreichische Geländemodell und Passpunkte zur Verfügung gestellt.

Das Bild- und Kartenmaterial des österreichischen Gletscherinventars 1969, das in diesem Projekt nach dem heutigen Stand der Technik neu ausgewertet wurde, ist im Institut für Geographie der Universität Innsbruck archiviert. Luftbilder und Schichtlinienpläne sind für die meisten, Inventardaten für alle Gletscher vorhanden.[4]

Die Karte und das Geländemodell des Eiskargletschers wurden von DI Zistler in Villach zur Verfügung gestellt.

An der photogrammetrischen Auswertung der Luftbilder waren folgende Institutionen beteiligt, wobei die erstgenannten vier Stellen langjährige Erfahrung in der Auswertung von Gletscherbildern haben:

1. das Institut für Photogrammetrie und Fernerkundung der TU Wien,
2. der Lehrstuhl für Photogrammetrie und Fernerkundung der TU München und
3. die AVT Ingenieurgemeinschaft in Imst,
4. weiters das Ingenieurbüro Wenger-Oehn in Salzburg.
5. Die Fa. *Digitalplan* in Graz wurde mit der Digitalisierung eines Teils der Karten von 1969 beauftragt, ebenso die Fa. *FFM* in Salzburg und Fa. *Photogrammetrie* in München.

Für die Koordination und Qualitätskontrolle der photogrammetrischen Auswertung und für die Erstellung einer Datenbank bis zur Flächen-/Höhenverteilung war DI R. Wür-

[2] Würländer und Eder 1998, Würländer et al. 1997.

[3] Brunner und Rentsch, 2002.

[4] Patzelt 1980, Groß 1987.

länder verantwortlich. Herr Würländer war an der Pilotstudie beteiligt und mit den Projektstudien I und II beauftragt.[5]

Das EU-Projekt Omega – *Operational Monitoring of European Glaciers* – hat sich an der Finanzierung des Projekts beteiligt und im Gegenzug Daten der Ötztaler Gletscher verwendet.

Das Projekt GLOWA – *Global Change in the Hydrological Cycle* – war ebenfalls an der Finanzierung beteiligt und hat im Gegenzug Daten der Gletscher im Einzugsgebiet von Inn und Salzach verwendet.

Der Österreichische Alpenverein hat die Arbeiten finanziell unterstützt und Material für die Fortführung seiner Landkarten verwendet.

Der Löwenanteil an der Finanzierung des Projekts wurde zu etwa gleichen Teilen vom BM für Land- und Forstwirtschaft über das Hydrographische Zentralbüro und vom BM für Wissenschaft und Forschung über die Bund-Bundesländer-Kooperation in der Rohstoffforschung, von der Kommission für Geophysikalische Forschungen der Österreichische Akademie der Wissenschaften und von der Universität Innsbruck getragen.

4 Genauigkeit und Qualitätskontrolle

Die photogrammetrische Auswertung zielt auf eine Genauigkeit von $^{+}/{-}75$ cm als Standardfehler der Höhe eines Gitterpunktes.

Auf der technischen Seite dieses Projekts hatte DI Roland Würländer eine Schlüsselposition inne. Er war für die technische Durchführung, für die Formulierung der Ausschreibung, die Kontrolle der Angebote, die Formulierung der Aufträge, die Kontrolle der Lieferungen sowie für Reklamationen und die Annahme der Produkte verantwortlich und hat diese Aufgaben perfekt erledigt.

Bei der photogrammetrischen Auswertung am Lehrstuhl für Photogrammetrie an der Technischen Universität München und an der Kommission für Glaziologie der Bayerischen Akademie der Wissenschaften war DI Hermann Rentsch für die Festlegung der Gletschergrenzen zuständig. Er hat auch die Bearbeiter an verschiedenen anderen Auswertestellen eingeschult.

Die Kontrolle der glaziologischen Inhalte wurde am Institut für Meteorologie und Geophysik der Universität Innsbruck wiederholt, um die Homogenität der Daten zu gewährleisten. Dazu zählte der Vergleich der aktuellen Oberflächen mit denen von 1969. Ebenso waren die Auswertungen der Gletschergrenzen „nach Vorschrift“ in einigen Fällen zu modifizieren und die Eisscheiden in beiden Inventaren zur Deckung zu bringen.

[5] Würländer et al. 1997, Würländer und Eder 1998, Würländer und Kuhn 2000.

5 Produkte der Auswertung und Analyse

Von allen Gletschern existieren digitale Höhenmodelle, die ursprünglich im Raster von 30 m ausgewertet und dann als 5-m-Gitterpunkte interpoliert wurden. Daraus wurden Schichtlinienpläne 1:10.000 mit einem Isohypsenabstand von 20 m erstellt und in der Folge Orthophotopläne 1:10.000.

Die Schichtlinien- und Orthophotopläne wurden gebietsweise aufgeteilt, wie es aus der folgenden Tabelle 1 ersichtlich ist. Das Höhenmodell und der Schichtlinienplan Karnische Alpen (Eiskar) wurden vom Ingenieurbüro Zistler in Klagenfurt unentgeltlich zur Verfügung gestellt – es existiert kein Orthophotoplan.

Gebiet	**Höhenschichtlinienplan**	**Orthophotoplan**
Allgäuer Alpen	Blatt 1	Blatt 1
Ankogel-Hochalmspitzgruppe	Blatt 1–Blatt 8	Blatt 1–Blatt 8
Dachsteingruppe	Blatt 1	Blatt 1
Deferegger Alpen	Blatt Ost + Blatt West	Blatt Ost + Blatt West
Glocknergruppe	Blatt 1–Blatt 9	Blatt 1–Blatt 9
Granatspitzgruppe	Blatt Nord + Blatt Süd	Blatt Nord + Blatt Süd
Karnische Alpen	Blatt 1	
Lechtaler Alpen	Blatt 1–Blatt 8	Blatt 1–Blatt 8
Ötztaler Alpen	Blatt 1–Blatt 15	Blatt 1–Blatt 15
Rätikon	Blatt 1–Blatt 2	Blatt 1–Blatt 2
Rieserfernergruppe	Blatt Nord + Blatt Süd	Blatt Nord + Blatt Süd
Salzburger Kalkalpen	Blatt 1	Blatt 1
Samnaungruppe	Blatt 1	Blatt 1
Schobergruppe	Blatt Nord + Ost + West	Blatt Nord + Ost + West
Silvrettagruppe	Blatt 1–Blatt 6	Blatt 1–Blatt 6
Sonnblickgruppe	Blatt 1–Blatt 4	Blatt 1–Blatt 4
Stubaier Alpen	Blatt 1–Blatt 10	Blatt 1–Blatt 10
Venedigergruppe	Blatt 1–Blatt 18	Blatt 1–Blatt 18
Verwallgruppe	Blatt 1–Blatt 5	Blatt 1–Blatt 5
Zillertaler Alpen	Blatt 1–Blatt 12	Blatt 1–Blatt 12
Gesamtanzahl	**111**	**110**

Tab. 1: Einteilung der Höhenschichtlinienpläne und der Orthophotopläne

Nummer	Anzahl	Inhalt der Datenbank
CD 001	1	Allgemeine Daten (Inhalt, Beschreibungen, Übersichten, Analysen etc.)
CD 010	1	Daten der Differenzanalysen (Würländer)
CD 050	1	Digitale Daten vom BEV (DGM, PP-Koordinaten)
CD 090	1	Gletscherobjekte im Format DXF der Auswertungen bis 2003
Ankogel-Hochalmspitzgruppe		
CD 100	1	Photogr. Daten, DGM, Hl-Plan
DVD 110	1	Orthobilder
DVD 150 ff.	3	Digitale Bilder 1998
DVD 160	1	Digitale Bilder 1969
Glocknergruppe		
CD 200	1	Photogr. Daten, DGM, Hl-Plan
CD 210 f.	5	Orthobilder
CD 250 ff.	19	Digitale Bilder 1998
Granatspitzgruppe		
CD 300	1	Photogr. Daten, DGM, Hl-Plan
CD 310 f.	2	Orthobilder
CD 320 ff.	7	Digitale Bilder 1998
CD 330 ff.	2	Digitale Bilder 1969
Sonnblickgruppe		
CD 350	1	Photogr. Daten, DGM, Hl-Plan
CD 360 f.	2	Orthobilder
CD 370 ff.	7	Digitale Bilder 1998
Ötztaler Alpen		
CD 400	1	1997 Photogr. Daten, DGM, Hl-Plan
CD 401	1	1969 dig. Pläne, DGM
CD 410 ff.	7	Orthobilder
CD 450 ff.	10	Digitale Bilder 1997

Tab. 2a: Inhalte der Datenbank

Nummer	Anzahl	Inhalt der Datenbank
Stubaier Alpen		
CD 500	1	1969 und 1997 Photogr. Daten, DGM, Hl-Plan
CD 510 ff.	3	Orthobilder
CD 550 ff.	8	Digitale Bilder 1997
CD 560 ff.	7	Digitale Bilder 1969
Schobergruppe		
CD 600	1	Photogr. Daten und Produkte
CD 610 f.	2	Orthobilder
CD 620 ff.	8	Digitale Bilder
Silvrettagruppe		
CD 650	1	Photogr. Daten und Produkte
CD 651	1	1969 dig. Pläne, DGM
DVD 660	1	Orthobilder
CD 670 f.	3	Digitale Bilder 1996
DVD 675 f.	2	Digitale Bilder 2002
Venedigergruppe		
CD 700	1	Photogr. Daten, DGM, Hl-Plan
CD 710 ff.	8	Orthobilder
CD 730 ff.	33	1998/1999 Digitale Bilder
CD 770 ff.	8	1969 Digitale Bilder
Zillertaler Alpen		
CD 800	1	Photogr. Daten, DGM, Hl-Plan
CD 810 ff.	3	Orthobilder
CD 850 ff.	9	Digitale Bilder 1999/1996
CD 860 ff.	9	Digitale Bilder 1969
Dachsteingruppe		
CD 900	1	2002 Photogr. Daten und Produkte
CD 901	1	1969 digit. Pläne, DGM
DVD 905	1	Digitale Bilder
Deferegger Alpen		
CD 910	1	Photogr. Daten und Produkte
CD 913 ff.	4	Digitale Bilder

Tab. 2b: Inhalte der Datenbank

Nummer	Anzahl	Inhalt der Datenbank
Lechtaler Alpen		
CD 920	1	Photogr. Daten und Produkte
CD 925 f.	2	Digitale Bilder
Rieserfernergruppe		
CD 930	1	Photogr. Daten und Produkte
CD 933 ff.	5	Digitale Bilder
Verwallgruppe		
CD 950	1	Photogr. Daten, DGM, Hl-Plan
CD 951 f.	2	Orthobilder
CD 955 f.	2	Digitale Bilder 1996
DVD 957	1	Digitale Bilder 2002
Allgäuer Alpen		
CD 970	1	alle Daten
Karnische Alpen		
CD 975	1	(alle Daten) von Fa. Zistler
Rätikon		
CD 980	1	Photogr. Daten und Produkte
CD 981	1	Digitale Bilder 1969
CD 981	1	Digitale Bilder 1996
Salzburger Kalkalpen		
CD 985	1	2002 alle Daten
CD 986	1	1969 digit. Plan, DGM-Daten
DVD 987	1	Digitale Bilder 2002
Samnaungruppe		
CD 990	1	Photogr. Daten und Produkte
DVD 991	1	Digitale Bilder 2002
Summe	**219**	

Tab. 2c: Inhalte der Datenbank

Für das Jahr 1969 wurden für acht Gebiete mit sehr geringer Vergletscherung keine digitalen Höhenmodelle ausgewertet, sodass nur ihre Flächen und Flächenänderungen bekannt sind. Die Flächenänderung beträgt seit 1969 nahezu 100 km^2, wobei sich die relative Änderung der Fläche sehr nach der Größe der Gletscher richtet.

Gebirgsgruppe	Fläche		Veränderungen seit 1969			Auf-nahme-jahr
	1969 in km²	*NEU in km²*	*Fläche*	*Volumen (in 1.000 m³)*	*Eisdicke (in m)*	
Allgäuer Alpen	0,2	0,1	*–50 %*			-
Ankogel-Hochalmspitzgruppe	19,9	16,2	*–19 %*	–147.391	–9	1969/1998
Dachsteingruppe	6,3	5,7	*–9 %*	–52.345	–9	2002
Deferegger Alpen	0,7	0,4	*–39 %*			1998
Glocknergruppe	68,9	59,8	*–13 %*	–770.334	–13	1998
Granatspitzgruppe	9,8	7,5	*–23 %*	–57.929	–8	1969/1998
Karnische Alpen	0,2	0,2	*11 %*			-
Lechtaler Alpen	0,7	0,6	*–14 %*			1996
Ötztaler Alpen	179,7	151,2	*–16 %*	–1.479.542	–10	1997
Rätikon	2,2	1,7	*–24 %*	–31.414	–18	1969/1998
Rieserfernergruppe	4,6	3,1	*–32 %*			1998
Salzburger Kalkalpen	2,5	1,7	*–32 %*	–25.592	–15	2002
Samnaungruppe	0,2	0,1	*–57 %*			2002
Schobergruppe	5,6	3,5	*–38 %*			1998
Silvrettagruppe	24,2	18,9	*–22 %*	–238.563	–13	1996/2002
Sonnblickgruppe	12,8	9,7	*–24 %*	–86.819	–9	1998
Stubaier Alpen	63,1	54	*–14 %*	–477.405	-9	1969/1997
Venedigergruppe	93,4	81	*–13 %*	–854.890	–11	1969/1997
Verwallgruppe	6,7	4,7	*–30 %*			1996/2002
Zillertaler Alpen	65,6	50,6	*–23 %*	–604.277	–12	1969/1999
Gesamt	**567,1**	**470,7**	*–17 %*	–4.826.501	**–10**	
				–4,8 km3		

Tab. 3: Flächen, Flächenänderung, Volumenänderung, Änderung der Eisdicke und Aufnahmejahre der Gletscher

Die großen Gebiete mit überwiegend großer Höhenlage (Glockner, Venediger, Stubaier, Ötztaler) haben 13 bis 16% ihrer Fläche verloren, kleine, tief liegende Gletscher (Samnaun, Allgäuer) über die Hälfte.

Während die Änderung des Eisvolumens mit –4,8 km³ exakt bekannt ist, können die Absolutwerte der Volumina nur mit Näherungsverfahren bestimmt werden. Das Gesamtvolumen der österreichischen Gletscher wird für 1998 auf ca. 18 km³ geschätzt, für 1969 auf ca. 22 km³.

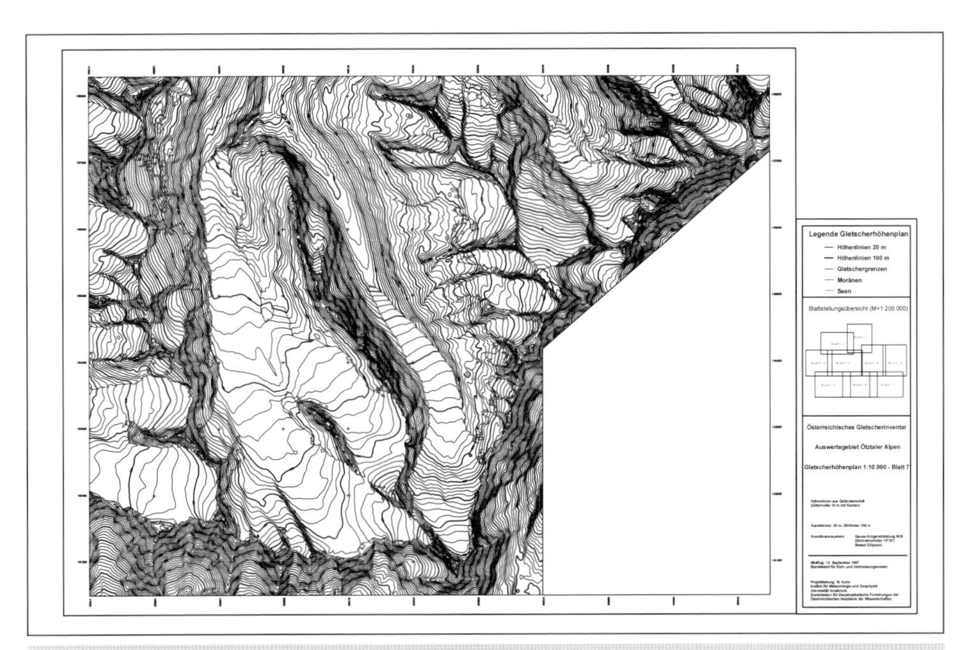

Abb. 1: Höhenlinienplan, Ötztal Blatt 7, mit 20-m-Isohypsen und den Gletschergrenzen zum Aufnahmezeitpunkt im September 1997

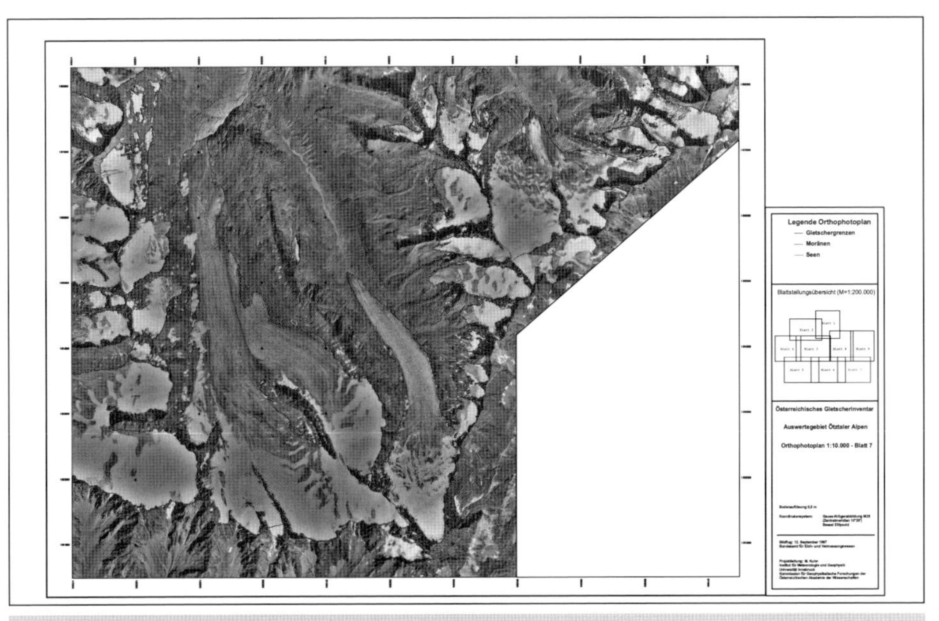

Abb. 2: Orthophotoplan Ötztal, Blatt 7, mit den Gletschergrenzen vom Sept. 1997

6 Ergebnisse

Aus den Höhenmodellen der beiden Inventare 1969 und 1998 wurden Höhenlinien- und Orthophotopläne hergestellt, wie sie als Beispiel für das Ötztal, Blatt 7, in den folgenden Abbildungen wiedergegeben werden.

Orthophotopläne von 34 ausgewählten Blättern sind im Anhang zu finden. Ebenso enthält der Anhang 34 Darstellungen der Differenzen der Oberflächenhöhen analog zur Abbildung 7.

Das Foto der Abbildung 3 zeigt die beiden Gletscher Gurglerferner und Langtalerferner in einer Luftaufnahme von Nordwesten im September 2006. Im Hintergrund der Dunst des Etschtals. Die unterschiedlichen Helligkeiten des Firngebiets und der schneefreien Gletscherzungen sind auch im Orthophoto vom September 1997 in Abbildung 5 zu sehen.

Die Aufnahme in Abbildung 5 zeigt sehr deutlich den Unterschied zwischen dem hellen Firn und dem dunkleren, schneefreien Gletschereis.

Abb. 3: Gurglerferner rechts und Langtalerferner aus Nordwesten, am 22.9.2006

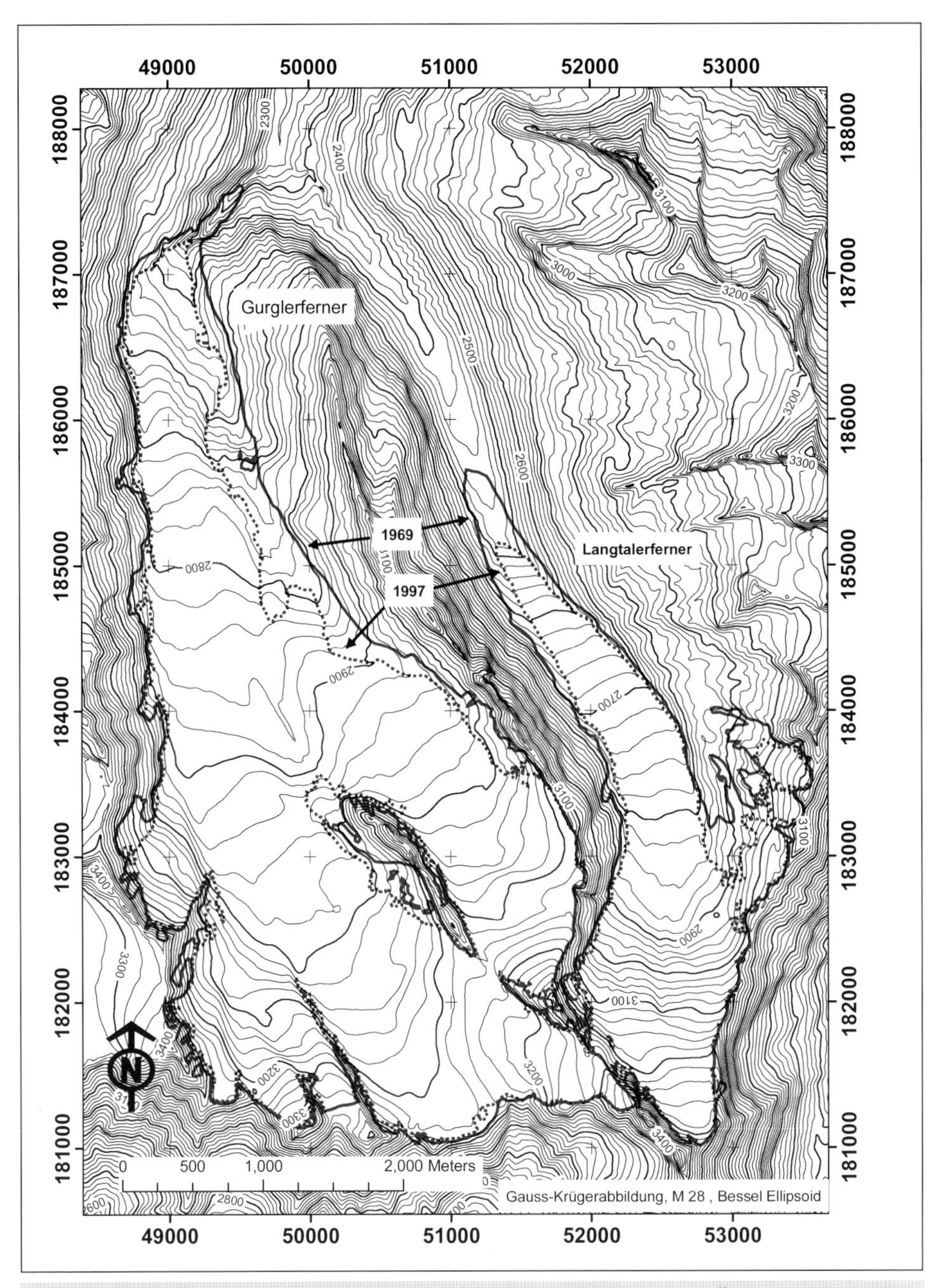

Abb. 4: Gurglerferner und Langtalerferner, Ausschnitt aus dem Ötztaler Blatt 7, mit den Gletschergrenzen von 1969 und 1997

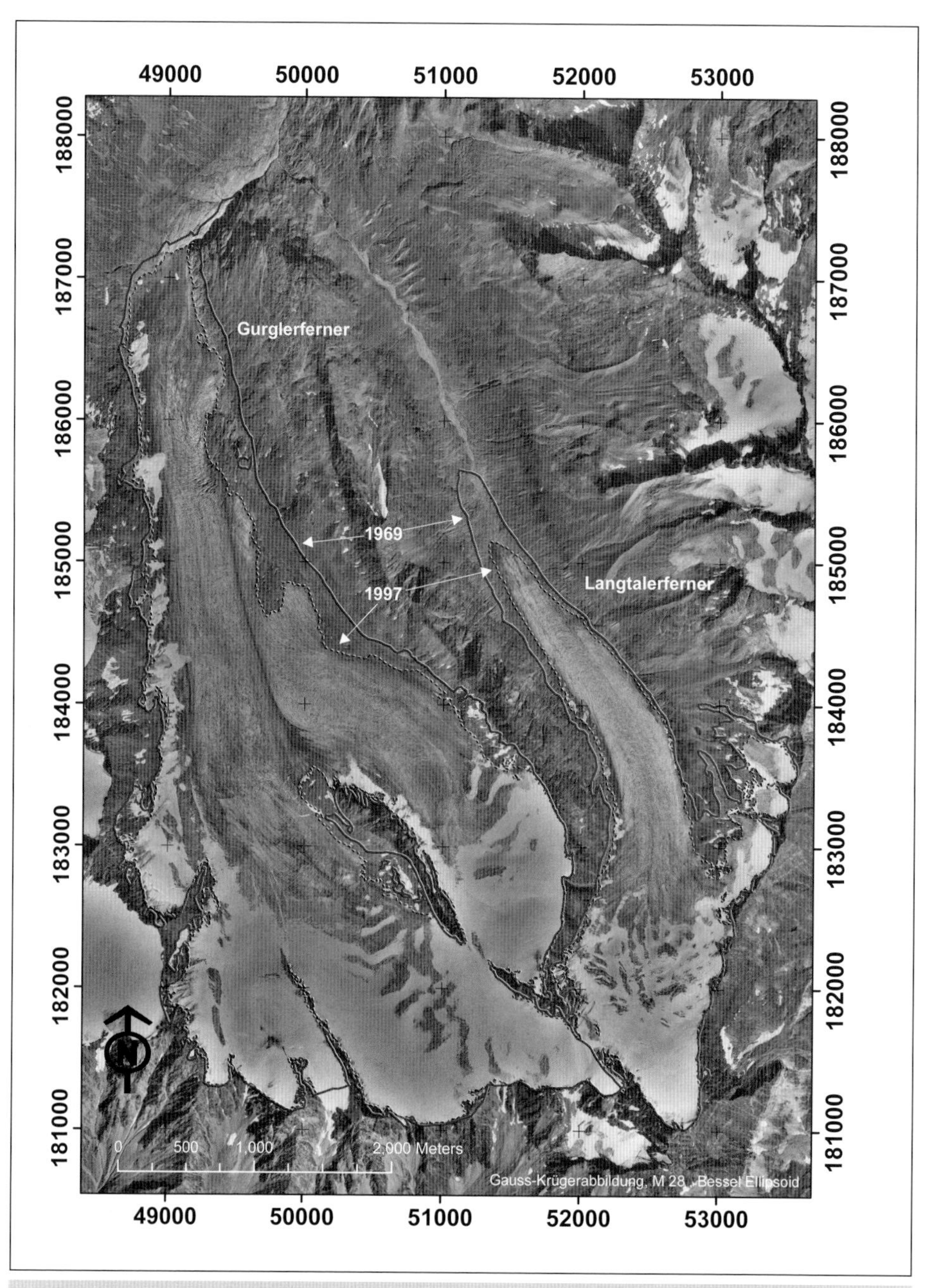

Abb. 5: Orthophotoplan von Gurglerferner und Langtalerferner mit den Gletschergrenzen von 1969 und 1997

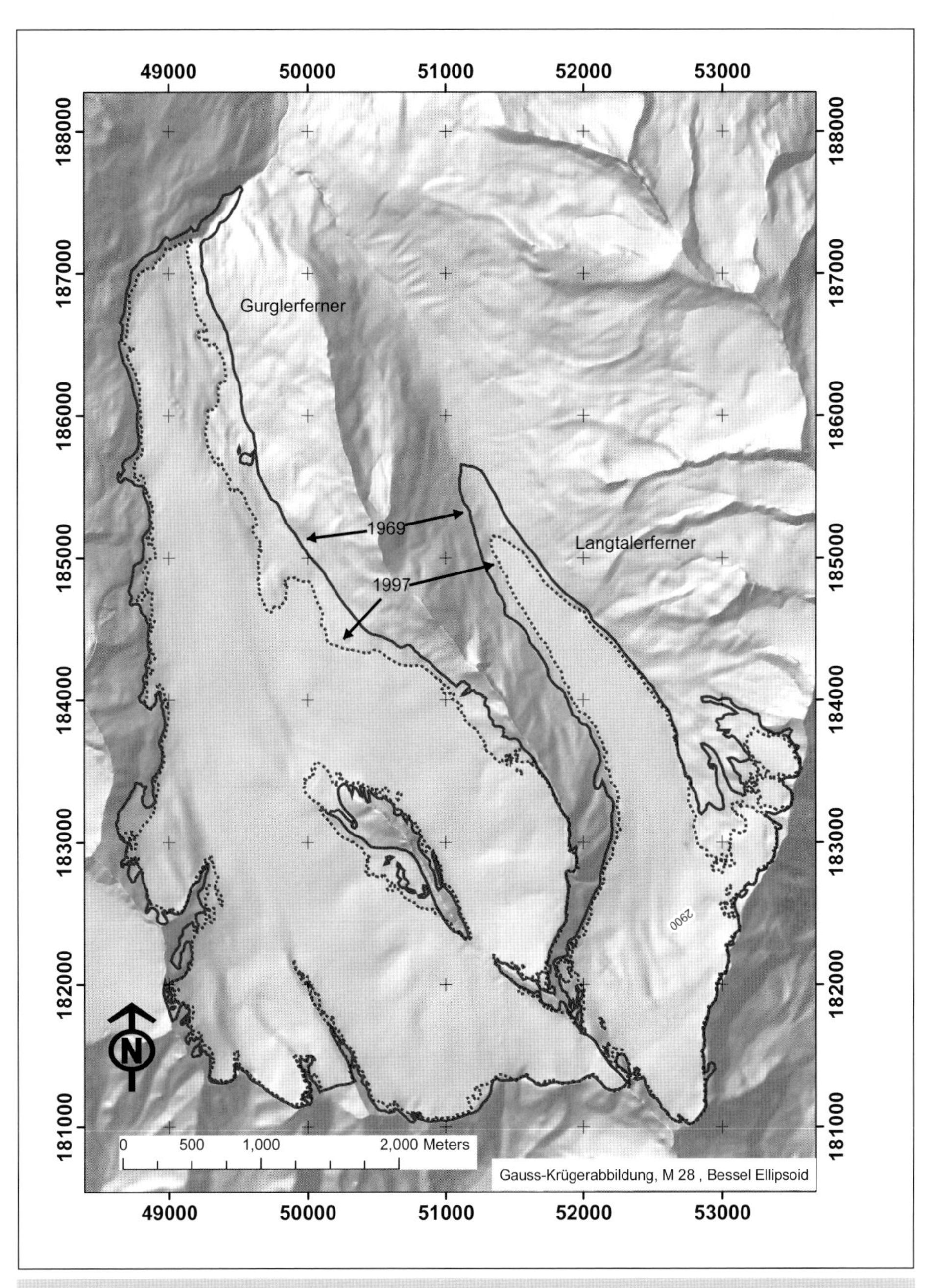

Abb. 6: Höhenmodell von Gurglerferner und Langtalerferner, schräg aus Nordwesten beleuchtet (hillshade), mit den Gletschergrenzen von 1969 und 1997

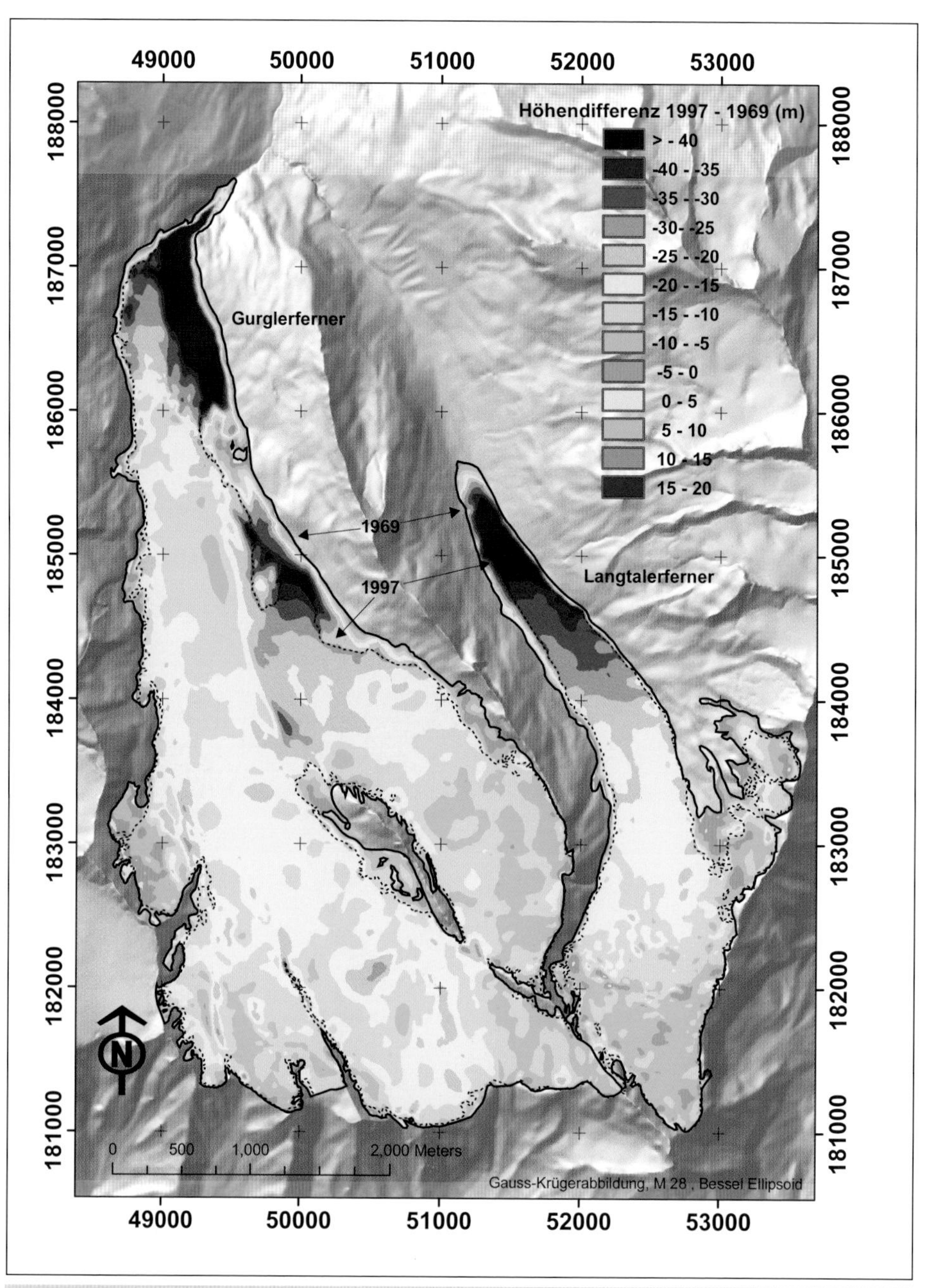

Abb. 7: Differenz der Oberflächenhöhen 1969 minus 1997 von Gurglerferner und Langtalerferner

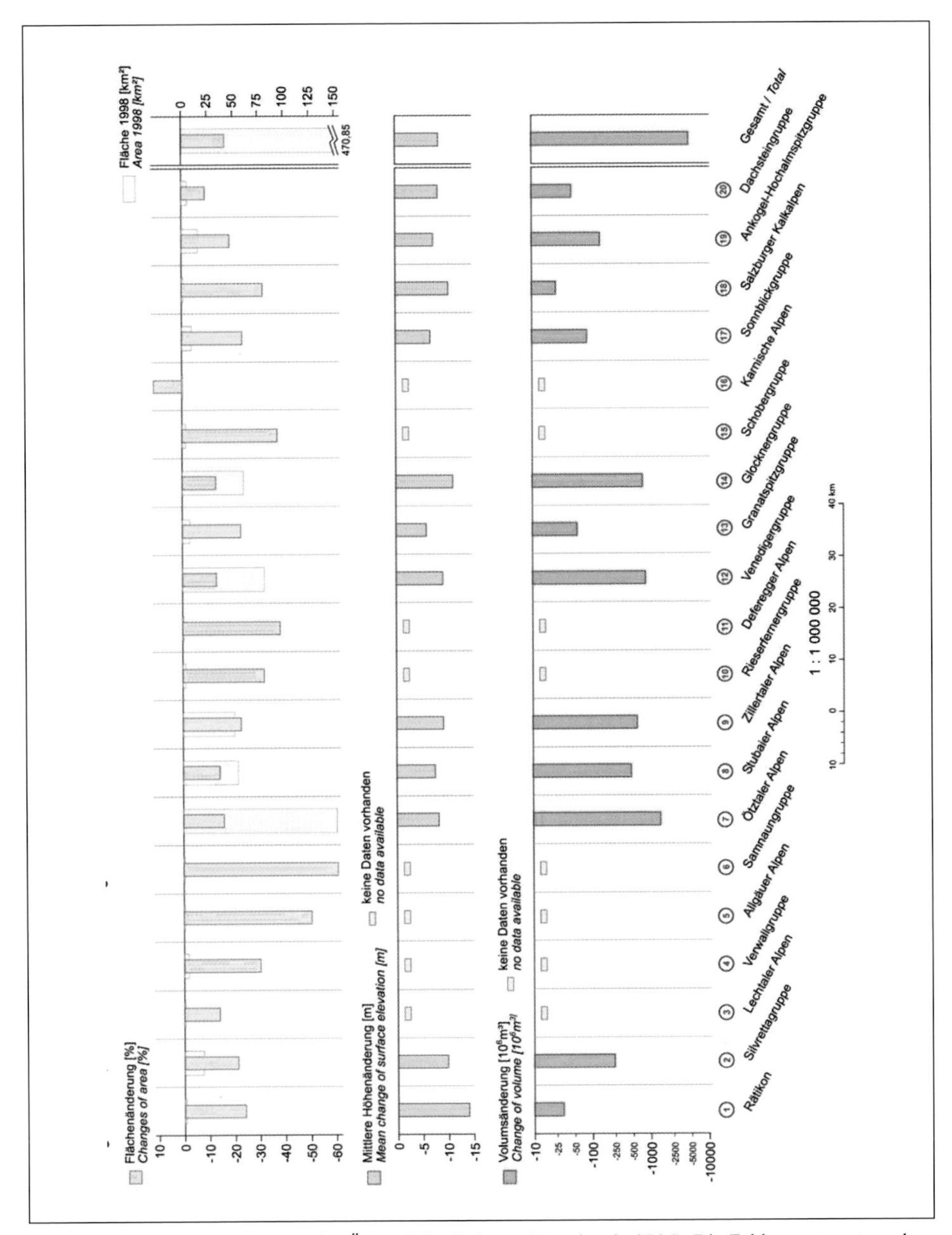

Anm.: Aus dem Hydrologischen Atlas Österreichs (Kuhn und Lambrecht 2006). Die Zahlenwerte entsprechen der Tabelle 1 und sind in Lambrecht und Kuhn (2007) detaillierter behandelt.

Abb. 8: Flächen-, Höhen- und Volumenänderungen der Gletscher in 20 österreichischen Gebirgsgruppen von 1969 bis 1998

7 Statistische Auswertung

Bei der Auswertung der Produkte des Gletscherinventars stehen auf den ersten Blick klare Zahlen und verständliche Zusammenhänge im Vordergrund: Die österreichischen Gletscher hatten 1998 eine Fläche von 470,7 km^2 und ein Volumen von ca. 18 km^3. Sie haben von 1969 bis 1998 ihre Fläche um 96,4 km^2 oder 17% geändert, ihr Volumen um 4,83 km^3 und ihre mittlere Eisdicke um 10 m (Tabelle 3).

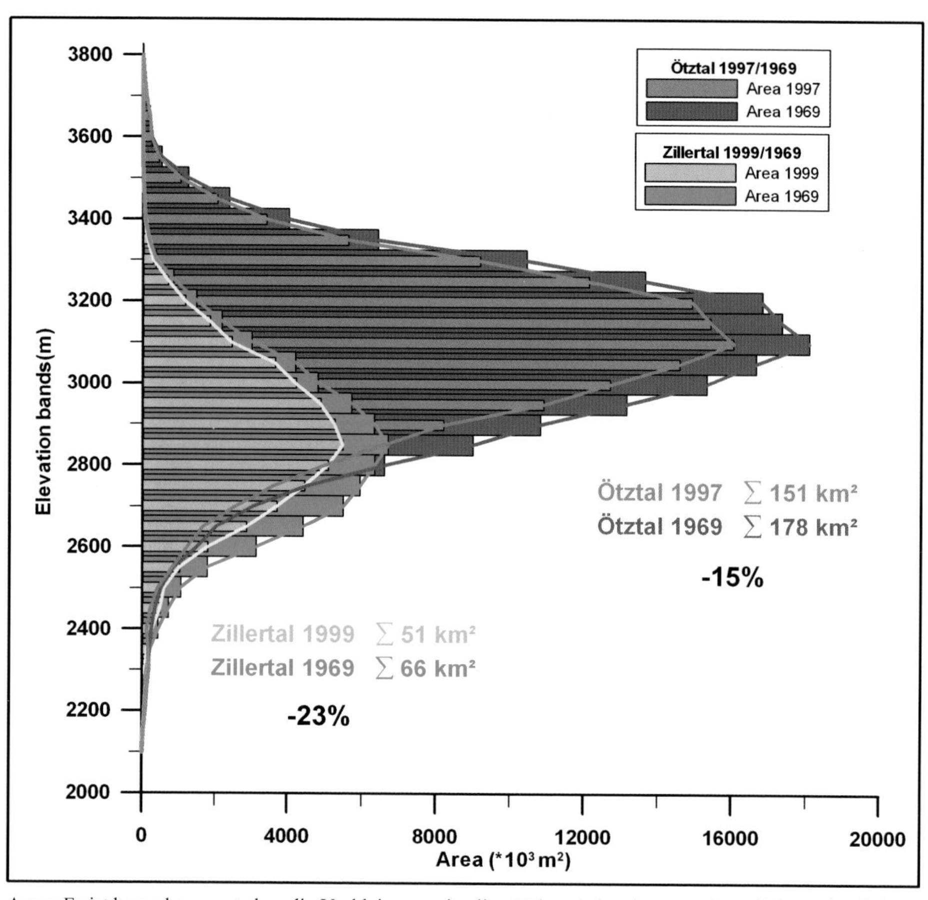

Anm.: Es ist bemerkenswert, dass die Verkleinerung in allen Höhenstufen eingesetzt hat, nicht nur im tief liegenden Zungenbereich. Auf die gegebene Klimaänderung haben die kleineren, tieferen Zillertaler Gletscher mit einem größeren relativen Flächenverlust reagiert.

Abb. 9: Flächen-Höhen-Verteilung der Ötztaler und Zillertaler Gletscher 1997 (1999) gegenüber 1969

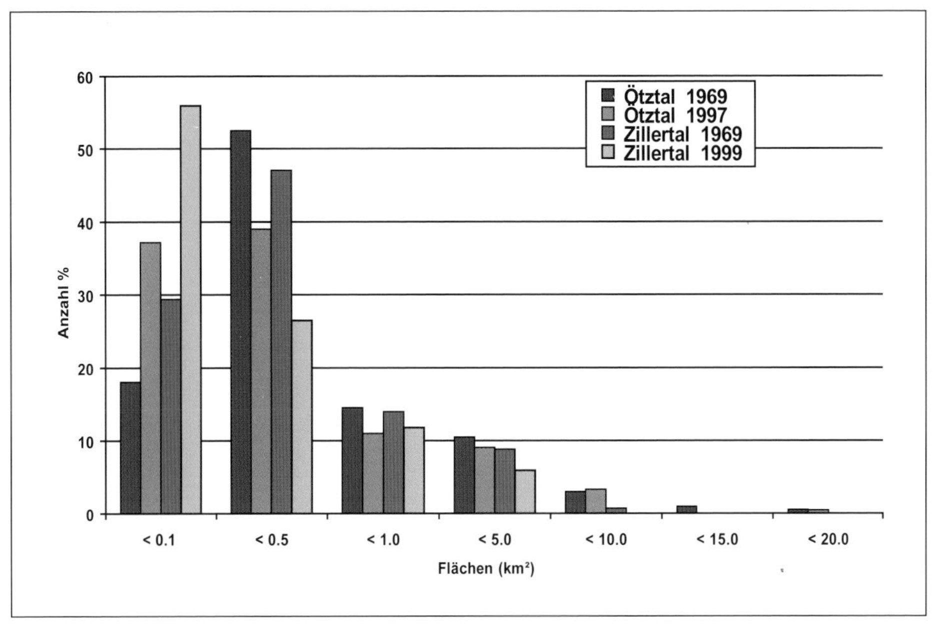

Anm.: Der prozentuelle Anteil der Gletscher mit Flächen unter 0,1 km^2 hat sich in beiden Gebirgsgruppen nahezu verdoppelt.

Abb. 10: Größenverteilung der Ötztaler und Zillertaler Gletscher

Der zweite Blick zeigt, dass mehrfacher Erklärungsbedarf besteht. 27 der 925 Gletscher, die 1969 existierten, sind heute ganz verschwunden, einige sind seit 1969 in zwei oder mehrere Teile zerfallen, sodass heute mehr Gletscher existieren. Sie wurden aber bei der Auswertung des neuen Inventars jeweils als Eisfläche innerhalb der Gletschergrenzen von 1969 gezählt.

Zur Gletscherfläche werden vorschriftsmäßig auch Firnflecken gezählt, die mit dem Gletscher in Verbindung sind. Dabei sind vielleicht viele, die weder im Jahr davor noch im folgenden Jahr vorhanden waren, hier liegt also eine Unschärfe im Vergleich der beiden Inventare vor. In der Originalauswertung des 1969er-Inventars wurden diese sogenannten Firnkragen mit berücksichtigt, was in bester Übereinstimmung mit der Neuauswertung 567 km^2 ergab. Der manchmal zitierte Wert von 541,7 km^2 für 1969 bezieht sich auf die „eigentlichen" Gletscher ohne Firnkragen.

Die Gletschergrenzen sind nicht immer einfach zu identifizieren, wenn das Eis mit Sand oder Schutt bedeckt ist, oder wenn es nicht klar ist, ob unter einer dickeren Mittelmoräne noch Eis liegt.

Die Eisscheide, also die Grenze zu einem benachbarten Einzugsgebiet, wurde bei der Auswertung des neuen Inventars wieder so gelegt wie im ersten, auch wenn die Scheitelpunkte seit 1969 eindeutig verschoben waren.

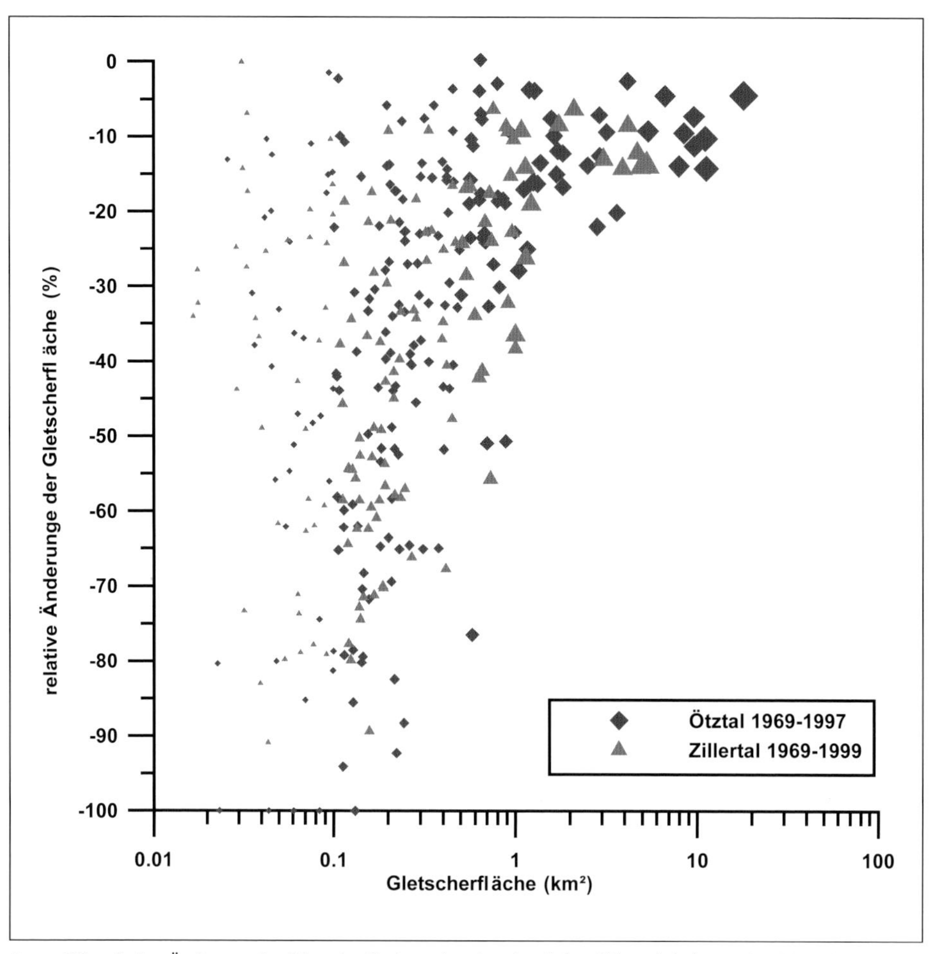

Anm.: Die relative Änderung der Gletscherfläche zeigt eine deutliche Abhängigkeit von der Gletschergröße: Große Gletscher haben sich wenig verändert, kleine füllen das ganze Spektrum von „gleich geblieben" bis „verschwunden". Die Größe der Symbole ist proportional zur Fläche der Gletscher.

Abb. 11: Die relative Änderung der Gletscherfläche

Damit wurden virtuelle, nicht klimatisch begründete Flächenänderungen ausgeschlossen.

Die Volumenänderungen waren exakt, die Absolutwerte der Volumina nicht. Sie wurden näherungsweise mit einer Skalierung aus den Flächen der Einzelgletscher bestimmt und dann über alle Gletscher aufsummiert.

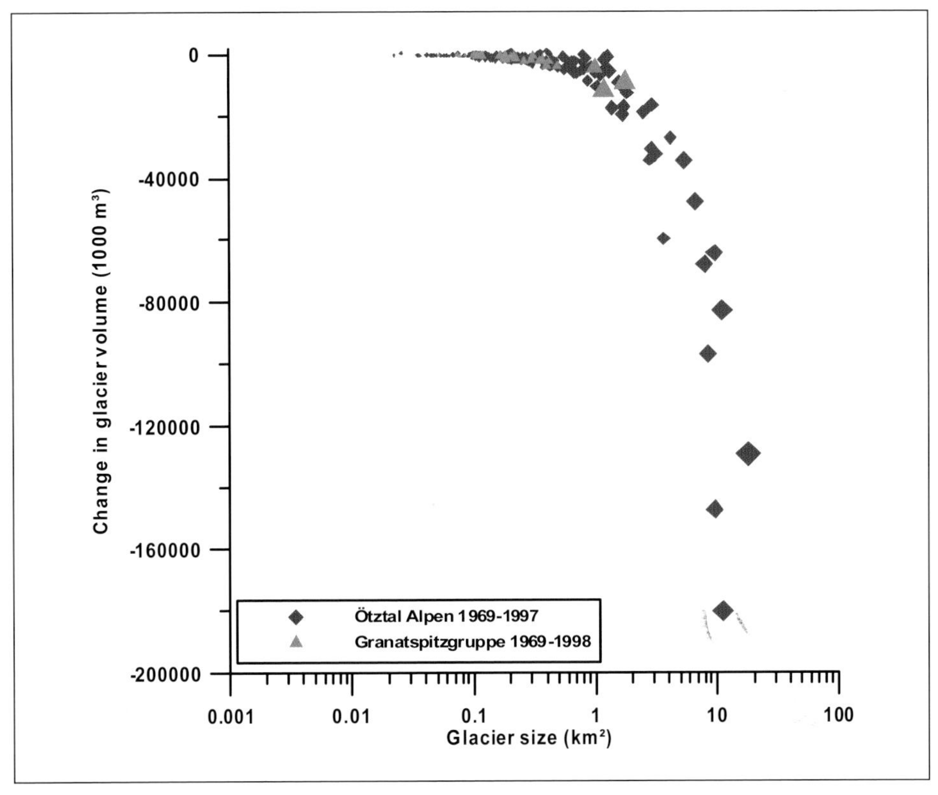

Anm.: Details in Abbildung 13.

Abb. 12: Volumenänderung gegen Gletschergröße im halblogarithmischen Maßstab für die Gletscher des Ötztals und der Granatspitzgruppe

Die Eisoberflächen sind wie in jeder Landkarte als Horizontalprojektionen angegeben, ein steiler Gletscher hat also in Wirklichkeit eine deutlich größere Oberfläche als seine Projektion.

Die Änderungen von Flächen und Volumina wurden jeweils bestimmten Höhenintervallen zugeordnet, wobei im Abstand von 29 Jahren ein unvermeidliches Problem in der Interpretation auftritt: Mit dem Dünnerwerden sinkt die Gletscheroberfläche ein, die Fläche zwischen den Isohypsen, z.B. von 2.800 bis 2.850 m, wandert gletscheraufwärts und kommt so in einen Bereich, wo Topgraphie, Eisbewegung und spezifische Massenbilanz anders sind. Die klimatologische oder glaziologische Erklärung der Flächen- oder Dickenänderung kann dadurch im Einzelfall erschwert werden, über den ganzen Gletscher summiert sind aber beide Werte richtig.

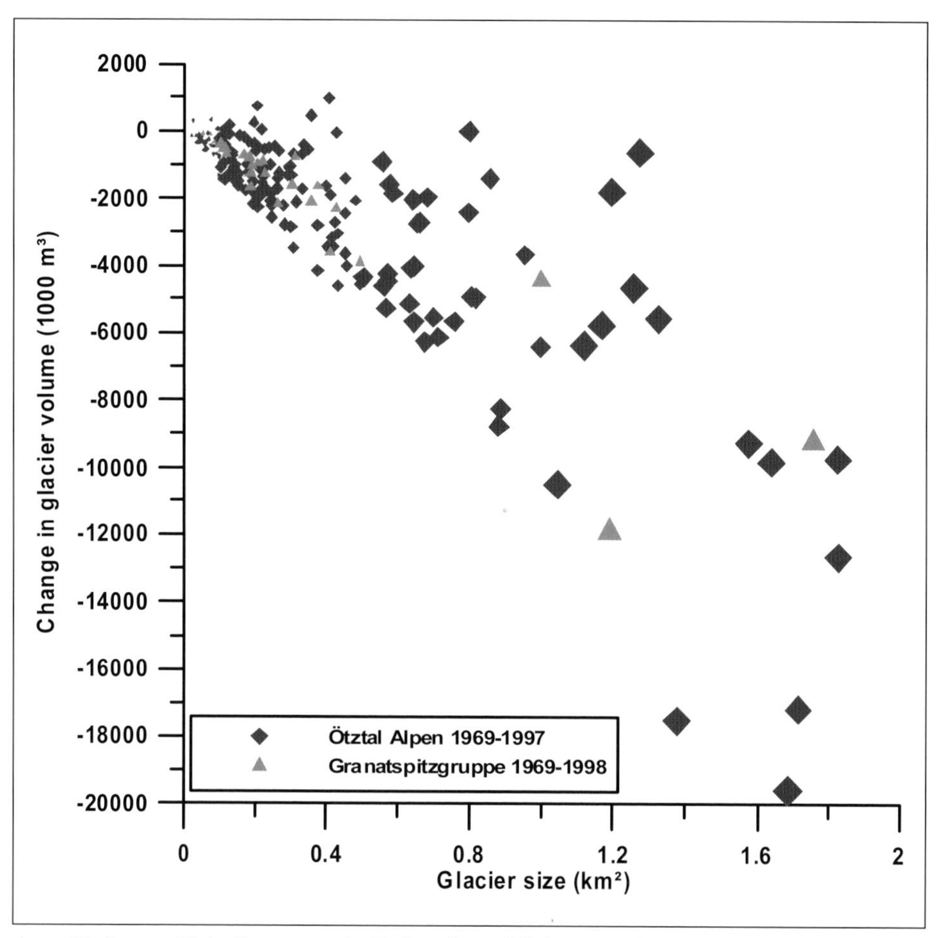

Anm.: Die fast geradlinige Begrenzung der Punktwolke nach links unten zeigt die sehr einheitlichen, maximal möglichen Ablationsraten.

Abb. 13: Volumenänderung gegen Gletschergröße für die Gletscher des Ötztals und der Granatspitzgruppe unter 2 km² Fläche im linearen Maßstab

Abbildung 14 zeigt eine Ansicht der Wildspitze vom Taschachferner. Das obere Bild wurde vermutlich in den 1930ern aufgenommen. Das untere Bild zeigt eine Aufnahme von Andrea Fischer vom Februar 2003. Man sieht zwei deutliche Änderungen:

1. Der Nordgipfel links hatte früher eine höhere Firnhaube als heute, die Flanke des Südgipfels war ebenfalls dicker bedeckt.
2. Die Gletscheroberfläche scheint im Vergleich zu den Felsen zu beiden Seiten heute tiefer zu liegen.

Abb. 14: Ansicht der Wildspitze vom Taschachferner

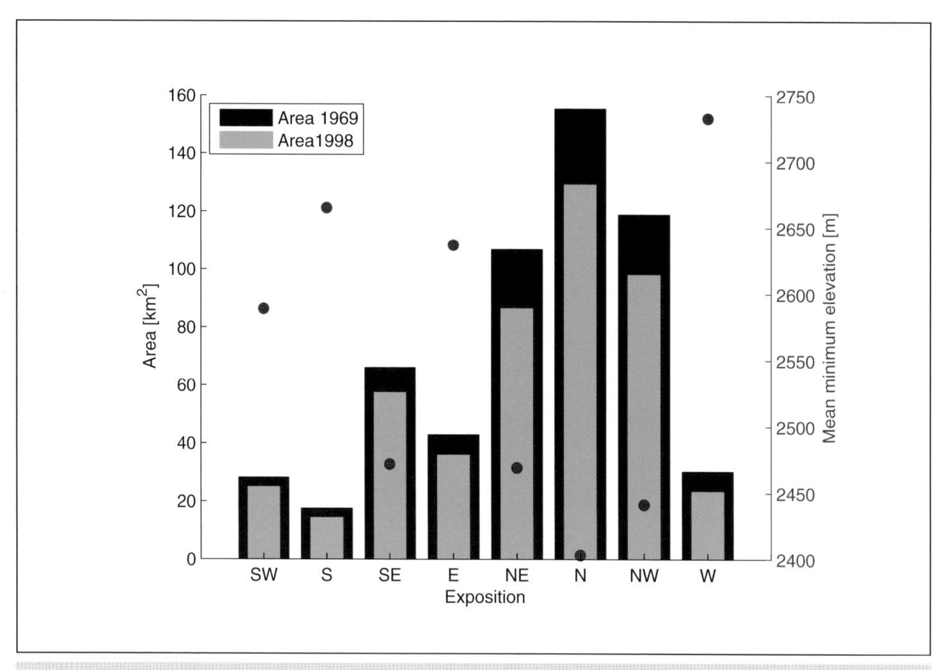

Abb. 15: Gesamtfläche und mittlere minimale Gletscherhöhe

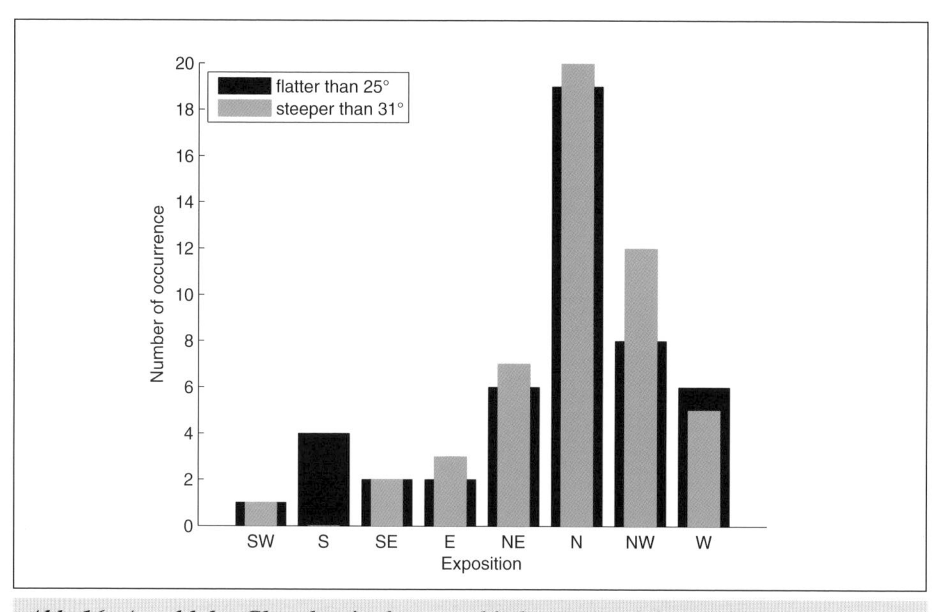

Abb. 16: Anzahl der Gletscher in den verschiedenen Ausrichtungsklassen

Abbildung 15 gibt Aufschluss über die Gesamtfläche der vergletscherten Gebiete für die beiden Zeitpunkte 1969 und 1998 (Balken, linke Achse) sowie die mittlere minimale Gletscherhöhe (rote Punkte, rechte Achse), aufgeteilt in die jeweiligen Expositionsklassen.

Aus Abbildung 16 ist die Anzahl der Gletscher in den verschiedenen Ausrichtungsklassen zu entnehmen, deren mittlerer Neigungswert eine Standardabweichung < 6° besitzt. Blaue Balken stellen die flachen Gletscher (< 25°), grüne Balken die steilen Gletscher (> 31°) dar.

Die einzelnen Gebirgsgruppen sind folgenden Gebietsgruppen zugeordnet:

- Gruppe 1: Allgäu, Rätikon, Lechtal
- Gruppe 2: Verwall, Silvretta, Samnaun
- Gruppe 3: Ötztal, Stubai
- Gruppe 4: Zillertal, Venediger, Rieserferner, Deferegger, Karnische
- Gruppe 5: Granatspitz, Glockner, Schober, Sonnblick, Ankogel
- Gruppe 6: Dachstein, Hochkönig

Die in Abb. 17 bis 20 darstellten Gebirgsgruppen beziehen sich auf diese Zuordnungen.

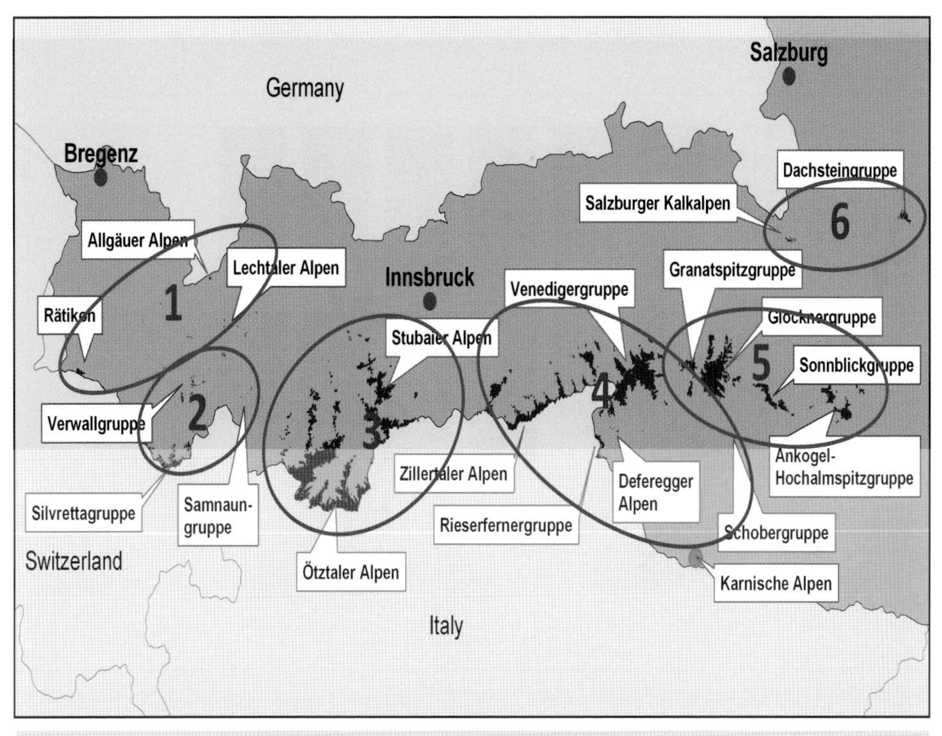

Abb. 17: Regionalisierung der Gebirgsgruppen in Gebietsgruppen

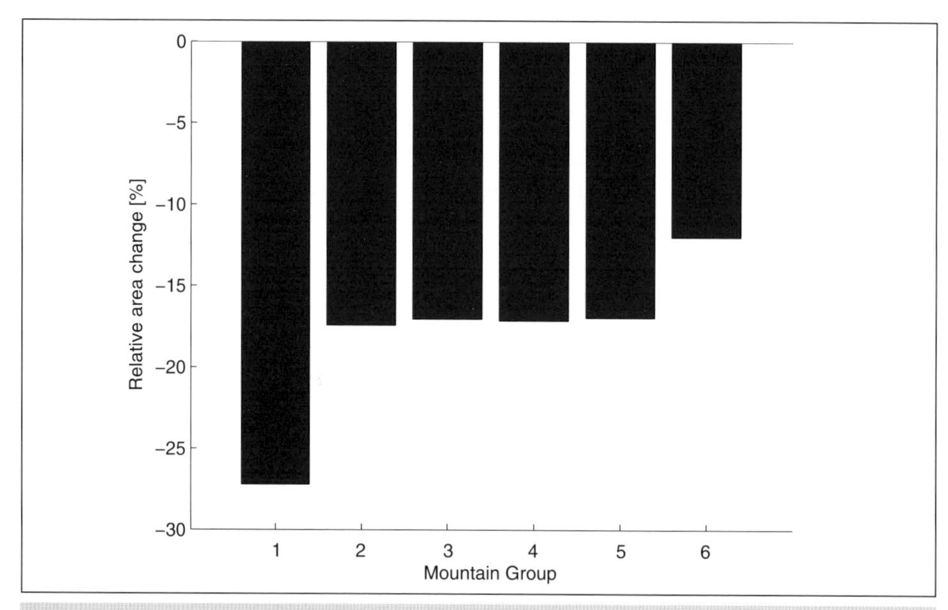

Abb. 18: Relative Gletscherflächenänderung zwischen 1969 und 1998 für die in Gebietsgruppen zusammengefassten Gebirgsgruppen

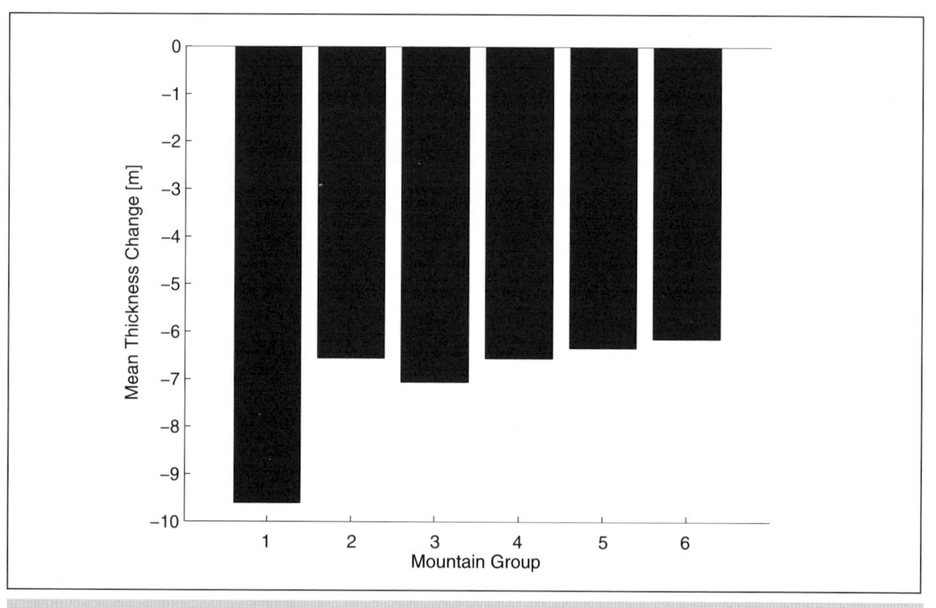

Abb. 19: Mittlere Dickenänderung für die in Gebietsgruppen zusammengefassten Gebirgsgruppen (Gesamtvolumsänderung/Gesamtfläche 1969)

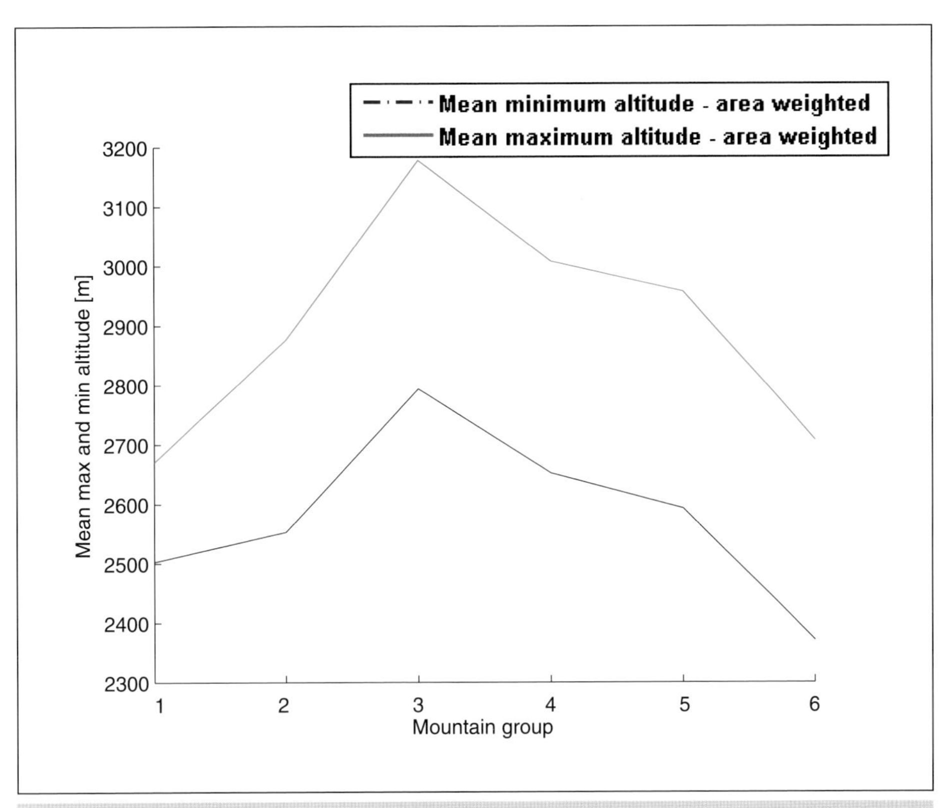

Abb. 20: Flächengewichtete mittlere minimale und maximale Gletscherhöhe der in Gebietsgruppen zusammengefassten Gebirgsgruppen

Die Regionalisierung in sechs Gruppen ist nicht zwingend und nicht ohne Probleme. In der Gruppe 1 entfällt auf den Brandnerferner im Rätikon mehr als die Hälfte der Fläche der ganzen Gruppe, in der Gruppe 2 dominiert die Silvrettagruppe bei weitem über die Verwall- und Samnaungruppe, ähnlich in der Gruppe 4, wo Rieserferner- und Schobergruppe sowie Karnische und Defereggar Alpen zusammen nur einen kleinen Bruchteil der Vergletscherung tragen. Zahlen dazu sind in Tabelle 3 enthalten.

8 Zusammenfassung

Bei Ihrer Gründung im Jahr 1993 beschloss die Kommission für Geophysikalische Forschungen der Österreichischen Akademie der Wissenschaften, ein neues Inventar der österreichischen Gletscher zu erstellen und dabei nach den Richtlinien des *World Glacier Inventory* vorzugehen.

Im Jahr darauf beschloss die neu gegründete Kommission für die Wissenschaftliche Zusammenarbeit mit Dienststellen des Bundesministeriums für Landesverteidigung, ebenfalls eine Kommission der Österreichischen Akademie der Wissenschaften, das neue Österreichische Gletscherinventar durch Luftaufnahmen der Luftbildkompanie des Bundesheers zu unterstützen.

Die Durchführung des Projekts wurde dem Institut für Meteorologie und Geophysik der Universität Innsbruck übertragen, das seinerseits mit der Hilfe vieler öffentlicher Stellen und kommerzieller Unternehmen rechnen konnte.

Das Ziel des Projekts war

- die Inventarisierung aller österreichischen Gletscher anhand von Luftbildern aus dem Zeitraum 1996–2002,
- die Neuauswertung des Inventars von 1969,
- die digitale Erfassung der Gletscher und ihrer Umgebung im 5-m-Raster,
- die Erstellung von Schichtlinienplänen 1:10.000 und Orthophotos 1:10.000,
- die Berechnung der Flächen-Höhen-Verteilung in 50-m-Stufen,
- die Berechnung der Flächen-, Höhen- und Volumenänderungen von 1969 bis 1998 und
- die Pflege dieser Produkte in einer Datenbank.

Die Luftbilder wurden in den Jahren von 1996 bis 2002 aufgenommen und photogrammetrisch ausgewertet, wobei die meisten Aufnahmen aus dem Jahr 1998 stammen. Zur einheitlichen Auswertung wurden die Daten mit einem Massenbilanzmodell auf das Jahr 1998 umgerechnet. Das neue Inventar hat 925 Gletscher in 20 Gebirgsgruppen erfasst, die gesamte Eisfläche betrug 471 km^2. Insgesamt wurden 111 Schichtlinienpläne und 110 Orthophotopläne im Maßstab 1:10.000 erstellt.

Für das Inventar von 1969 wurden zum Teil die alten Schichtlinienpläne digitalisiert, zum Teil wurden die Originalaufnahmen neu ausgewertet, sodass die digitalen Höhenmodelle der beiden Inventare auf dem heutigen Stand der Technik einwandfrei vergleichbar sind. Die Ergebnisse der Auswertungen sind in der Tabelle 1 zusammengefasst.

9 Anhang

Für den Anhang wurden 34 Blätter ausgewählt, auf denen jeweils in einem Orthophoto die Gletschergrenzen rot eingetragen sind. Auf dem Original eines Luftbilds ist nur der Punkt exakt unter dem Flugzeug in senkrechter Blickrichtung aufgenommen, alle anderen werden bis zum Bildrand in zunehmend schräger Richtung gesehen. Das Bild ist also im Original verzerrt; es muss mithilfe eines digitalen Höhenmodells entzerrt werden und ist schließlich als Orthophoto direkt mit einer Landkarte vergleichbar. Die hier gezeigten Blätter sind jeweils aus vielen Luftbildern zusammengesetzt worden. Der auf den Blättern angegebene Maßstab stimmt für das Original, er gilt nicht für die verkleinerte Wiedergabe in diesem Bericht. Das Aufnahmedatum ist auf jedem Blatt angegeben.

Die zweite Darstellung zeigt die Gletschergrenzen 1969 und im Jahr des Bildflugs sowie die Änderung der Höhe der Gletscheroberfläche seit 1969. Der Hintergrund ist eine sogenannte Hillshade-Darstellung des Geländes, in der das digitale Höhenmodell aus Nordwesten beleuchtet wird, sodass Unterschiede in der Farbe und Beschaffenheit des Bodens unterdrückt werden und das Relief deutlich hervortritt, was besonders bei der Beurteilung von Moränen sehr hilfreich ist.

Bei der Beurteilung der Höhenänderungen an einem fixen Koordinatenpunkt ist zu berücksichtigen, dass diese nicht nur durch den Massenhaushalt des Eises, sondern auch infolge des Fließens desselben entstehen.

Die Kommentare zu den Abbildungen führen den Leser schrittweise in die glaziologischen Themen ein, die im Gletscherinventar zu sehen sind. Es handelt sich dabei um ein Training, das im Westen mit den Gletschern der Silvretta beginnt und mit den Zillertaler Gletschern abschließt. Es ist nach diesem Training dem jeweiligen Leser selbst überlassen, die Bilder der restlichen Gletscher selber zu interpretieren oder mit seinen bisherigen eigenen Erfahrungen zu vergleichen.

Orthophotos, Hillshades und Höhendifferenzen für 34 ausgewählte Blätter

<u>Silvretta:</u> Blatt 3, Blatt 4

<u>Ötztaler Alpen:</u> Blatt 1, Blatt 2, Blatt 3, Blatt 4, Blatt 5, Blatt 6, Blatt 7, Blatt 8, Blatt 9

<u>Stubaier Alpen:</u> Blatt 1, Blatt 2, Blatt 3, Blatt 9, Blatt 10,

<u>Zillertaler Alpen:</u> Blatt 2, Blatt 4, Blatt 5, Blatt 6

<u>Venedigergruppe:</u> Blatt 3, Blatt 4, Blatt 5, Blatt 6, Blatt 9, Blatt 14, Blatt 15, Blatt 18

<u>Glocknergruppe:</u> Blatt 2, Blatt 5

<u>Granatspitzgruppe:</u> Granat_Nord

<u>Sonnblickgruppe:</u> Blatt 3, Blatt 4

<u>Dachstein:</u> Dachsteinblatt

Silvretta
Blatt 3 und 4

Auf den beiden Blättern sind die größten Gletscher des österreichischen Teils dieses Gebiets dargestellt: Jamtalferner, Vermuntgletscher und Ochsentaler Gletscher (die Grenze zwischen Vorarlberg und Tirol ist zugleich eine Sprachgrenze, nach der in Tirol bis zum Wipptal die Gletscher „Ferner" heißen). Seit 1989 wird der jährliche Massenhaushalt des Jamtalferners vom Institut für Meteorologie und Geophysik der Universität Innsbruck bestimmt, vorübergehend gab es solche Messungen auch an den beiden anderen Gletschern.

Vom Piz Buin am unteren Rand von Blatt 3 fließt der Ochsentaler Gletscher über eine Stufe nach Norden, links und rechts von seinem heutigen Ende sieht man in beiden Abbildungen gut entwickelte Seitenmoränen des Höchststands von ca. 1850, weiter unten, etwa am Beginn des stärker erodierten Bachbetts, liegt die damalige Endmoräne. Auch beim Jamtalferner sind rechtsseitig vor der heutigen Zunge deutliche Seiten- und Endmoränenwälle zu sehen.

Der Ochsentaler Gletscher weist in seinem oberen Becken über 100 m dickes Eis auf, in der Zunge des Vermuntgletschers beträgt die maximale Eisdicke 50 m. Der Jamtalferner erreicht in seinem westlichen Becken eine Eisdicke von 100 m, im mittleren liegt diese bei 80 m und im östlichen Becken gerade noch bei 60 m. Die rot umrandeten Flecken im Vermuntgletscher und Jamtalferner zeigen, dass diese beiden Gletscher seit 1969 an mehreren Stellen Löcher bekommen haben.

Die Änderung der Oberflächenhöhen auf den Gletschern der Blätter 3 und 4 sind überwiegend negativ und erreichen großflächig Verluste der Klasse 25–50 m. Im nordwestlichen Quadranten des Blatts 4 liegt eine Reihe von Seen, die sich zum Teil nach dem rezenten Rückzug der Gletscher in ihren Zungenbecken gebildet haben. In den höher gelegenen, flachen Firngebieten des Ochsentaler Gletschers und der Jamspitze gibt es markante positive Änderungen, die den Zuwachs durch Windverfrachtung zeigen.

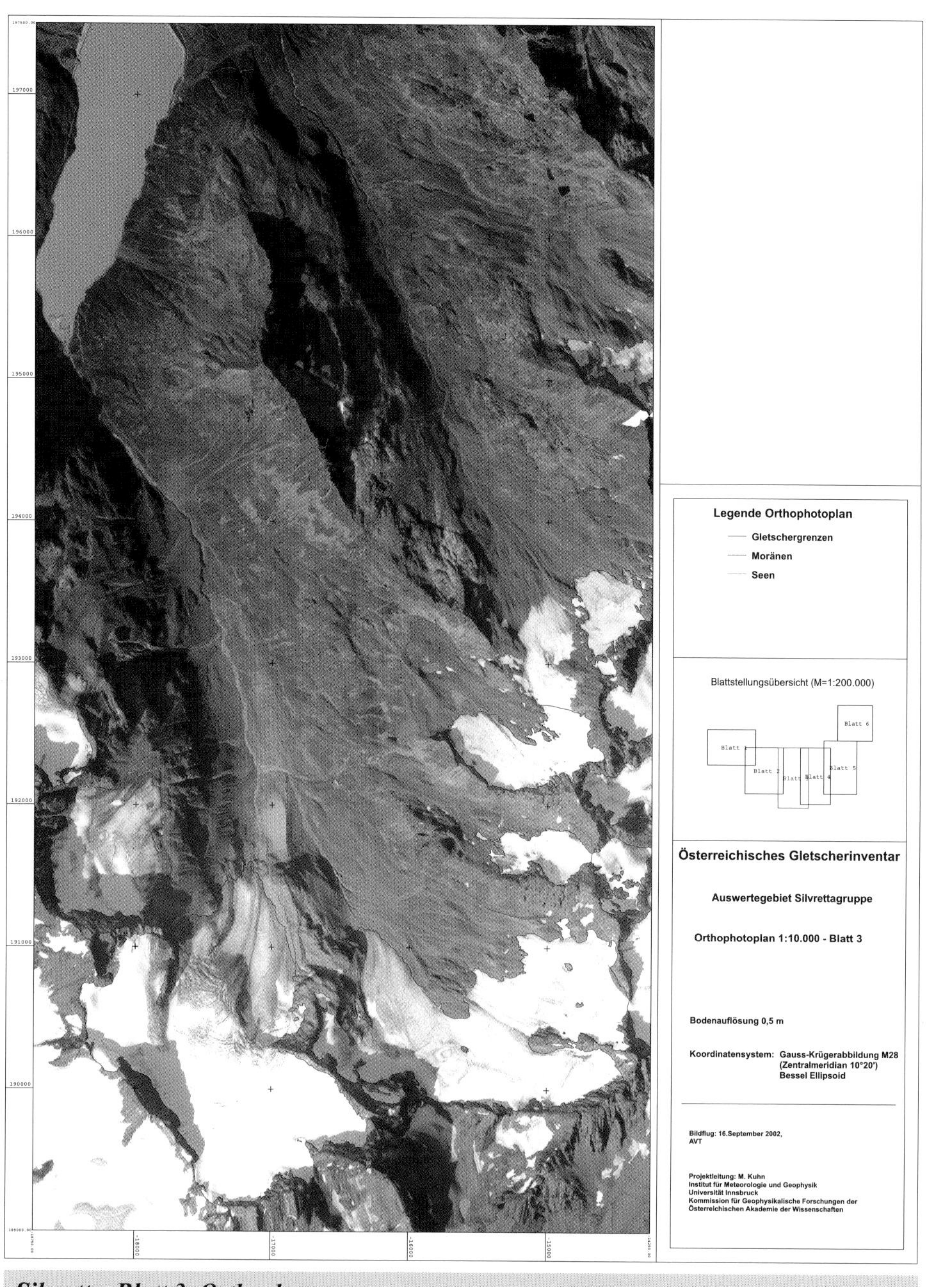

Silvretta, Blatt 3, Orthophoto

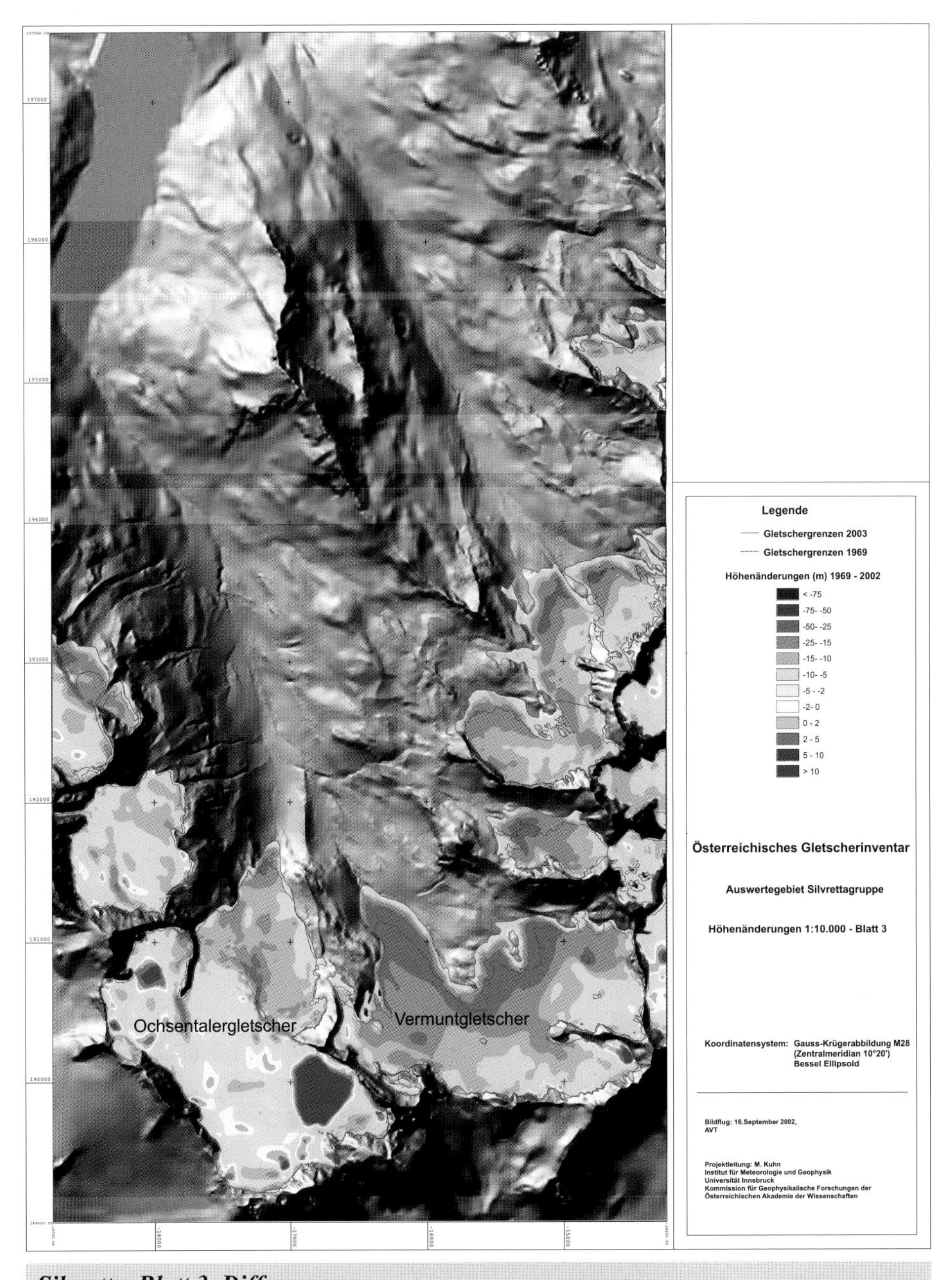

Silvretta, Blatt 3, Differenzen

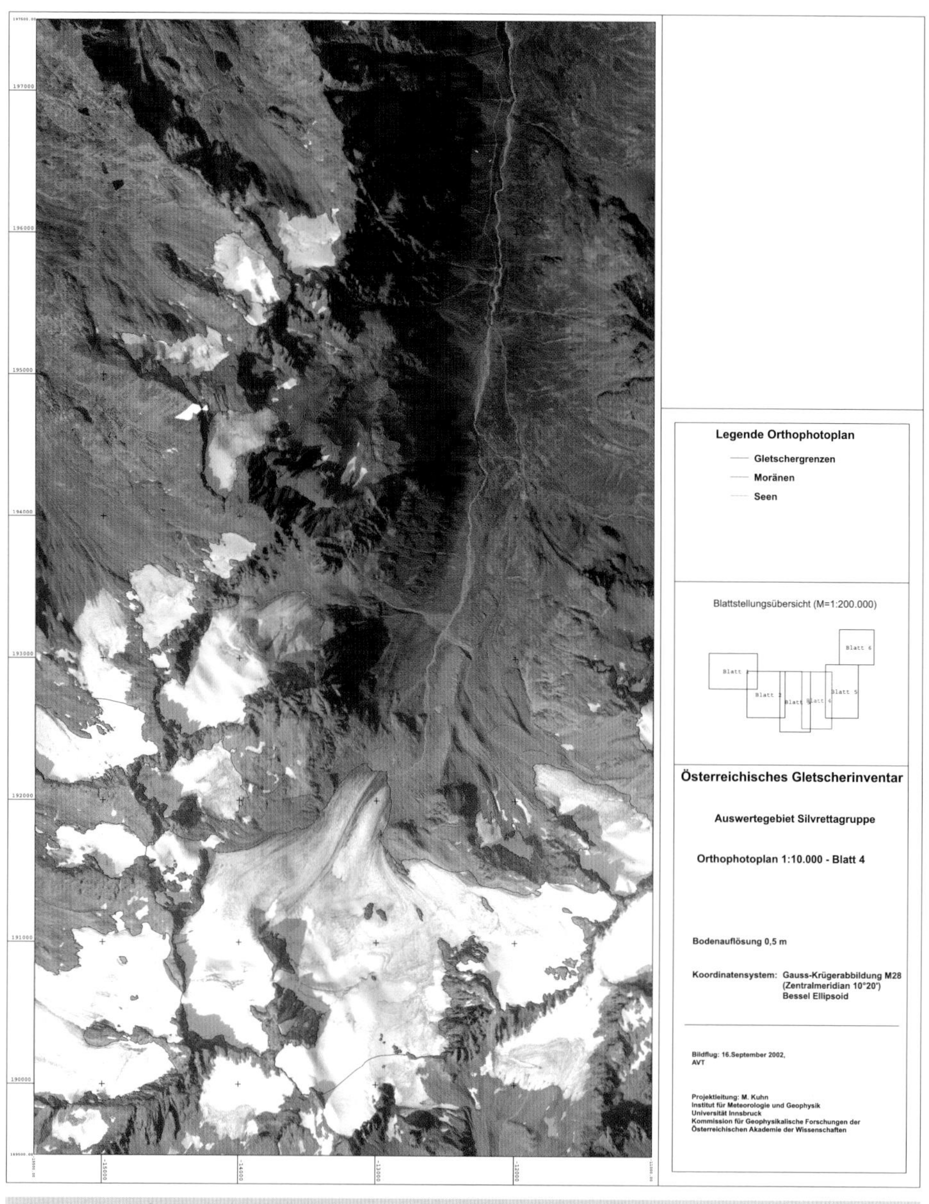

Silvretta, Blatt 4, Orthophoto

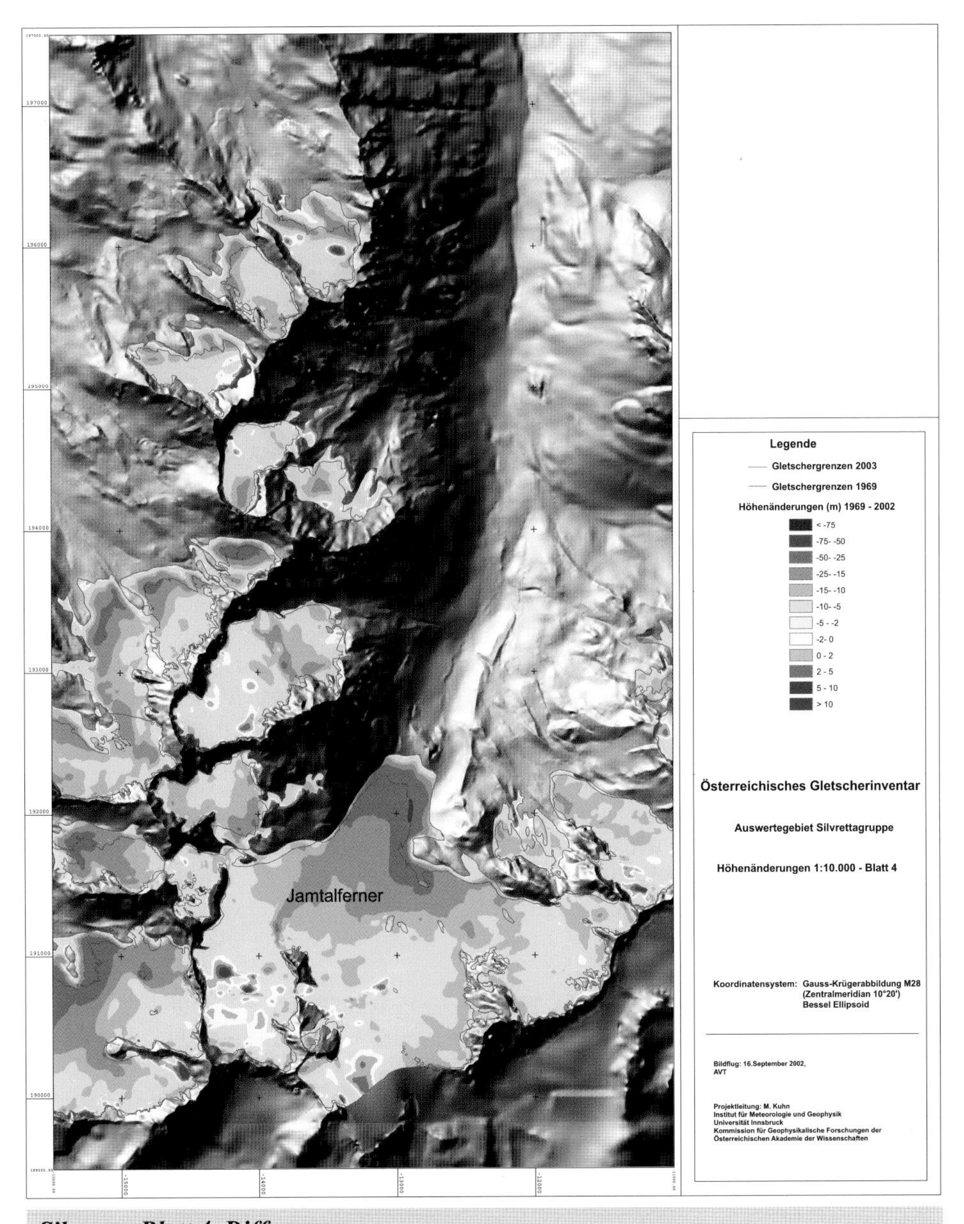

Silvretta, Blatt 4, Differenzen

Ötztal
Blatt 1 bis 3

Der folgende Bereich gehört zu den glaziologisch am besten erforschten Gebieten der Alpen. Bereits 1893 und 1894 wurden der Vernagt- und der Hintereisferner vermessen und in präzisen Karten dargestellt, ihre Fließgeschwindigkeiten seither jährlich gemessen, seit 1953 bzw. 1965 auch ihr jährlicher Massenhaushalt bestimmt, ebenso der des Kesselwandferners. Der Alpenverein führt seit 1894 Längenmessungen an mehreren Gletschern des Gebiets durch. Auf dem Gipfel des Brunnenkogels (3440 m) steht die höchste Station des österreichischen Wetterdienstes.

Im Blatt 1 dominiert der Mittelbergferner am Ende des Pitztals, dessen größerer, östlicher Arm aus den Hängen der Wildspitze, Nordtirols höchstem Gipfel, herabzieht. Seine maximale Ausdehnung von ca. 1850 ist im Hillshade an der scharfen Moräne am linken Rand und den unschärferen Bögen am Ende des Talbodens zu erkennen.

Im Westteil des Mittelbergferners und auf dem heute von ihm getrennten Brunnenkogelferner liegt ein Skigebiet, dessen Liftstützen im Orthophoto zum Teil zu sehen sind, so etwa vom Mittelbergjoch nach Nordosten. Weitere Skigebiete liegen auf dem Rettenbach- und dem Tiefenbachferner.

Die Karte der Höhenänderungen im Blatt 1, die zwar größtenteils negativ sind, aber nur an wenigen Stellen Verluste von 25 m erreichen, zeigt den relativ guten Ernährungszustand der Gletscher. Ein größerer Bereich mit einer Zunahme der Eisdicke im oberen Becken des Mittelbergferners könnte als eine Welle interpretiert werden, die den Gletscher hinunterwandert. Dank der großen mittleren Höhe bleiben auch die Flächenverluste relativ gering.

Das östlich anschließende Blatt 2 zeigt den Taschach- und den Sexegertenferner, die beide durch relativ hoch reichende, steile und schattige Firngebiete charakterisiert werden. Beide haben durch Steinschlag aus den umliegenden Wänden ausgeprägte Moränen, beim Taschachferner ist die schwach erkennbare frühere Ausdehnung relativ gering im Vergleich zur heutigen, eine Eigenheit, die er mit dem Gepatschferner und dem Gaisbergferner teilt und die auf einen starken vertikalen Massenbilanzgradienten hinweist.

Im südlich anschließenden Blatt 3 liegt am rechten Rand der Ort Vent, der durch einen großen Wall auf halber Höhe vor Lawinen geschützt wird. Darüber liegt der Rofenkarferner, ein sehr aktiver Gletscher, dessen Zunge von 1969 bis 1997 deutlich vorgestoßen ist. Einen bemerkenswerten Nettozuwachs hat auch die linke Zunge des Vernagtferners erfahren, während seine rechte die Vergleichsperiode mit Verlust abschloss. Der auffallende Zuwachs am Übergang vom Kesselwand- zum Gepatschferner liegt auf einem flachen Sattel und muss Windverwehungen zugeschrieben werden. Guslar- und Vernagtferner haben in ihren Vorfeldern teils gut sichtbare Moränen, die aber bei Weitem nicht die maximale Ausdehnung während des 19. Jahrhunderts zeigen.

Damals ist die Zunge des Vernagtferners rasch bis ins Haupttal vorgestoßen und hat den Rofenbach aufgestaut, bis sie schließlich dem Druck des gestauten Wassers nachgeben musste und ihr Eis in einer Flutwelle das ganze Ötztal hinausgespült wurde.

Der Vernagtferner wird traditionell von Bayerischen Wissenschaftlern untersucht, seit 1965 von der Kommission für Glaziologie der Bayerischen Akademie der Wissenschaften in München.

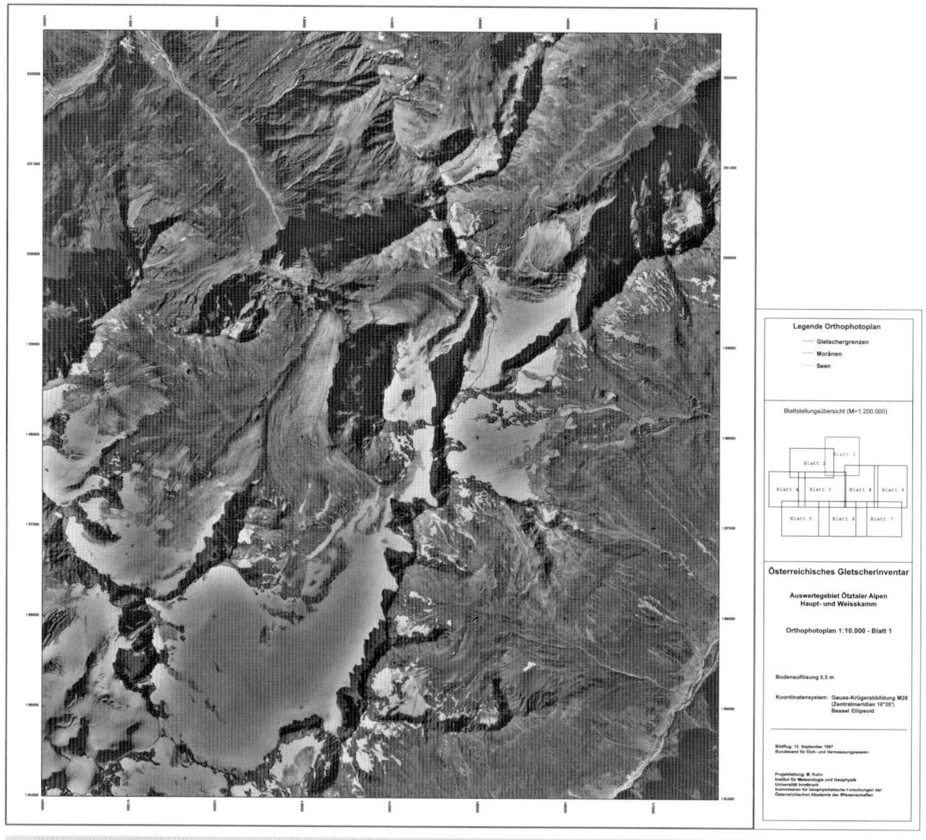

Ötztaler Alpen, Blatt 1, Orthophoto

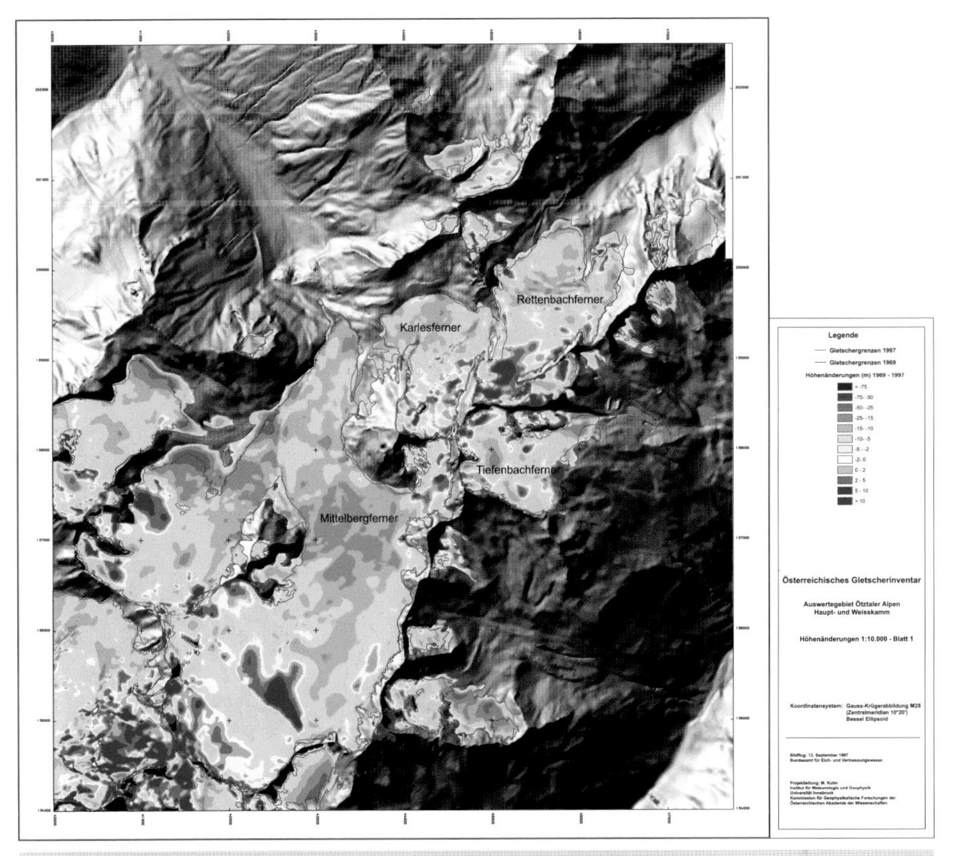

Ötztaler Alpen, Blatt 1, Differenzen

Ötztaler Alpen, Blatt 2, Orthophoto

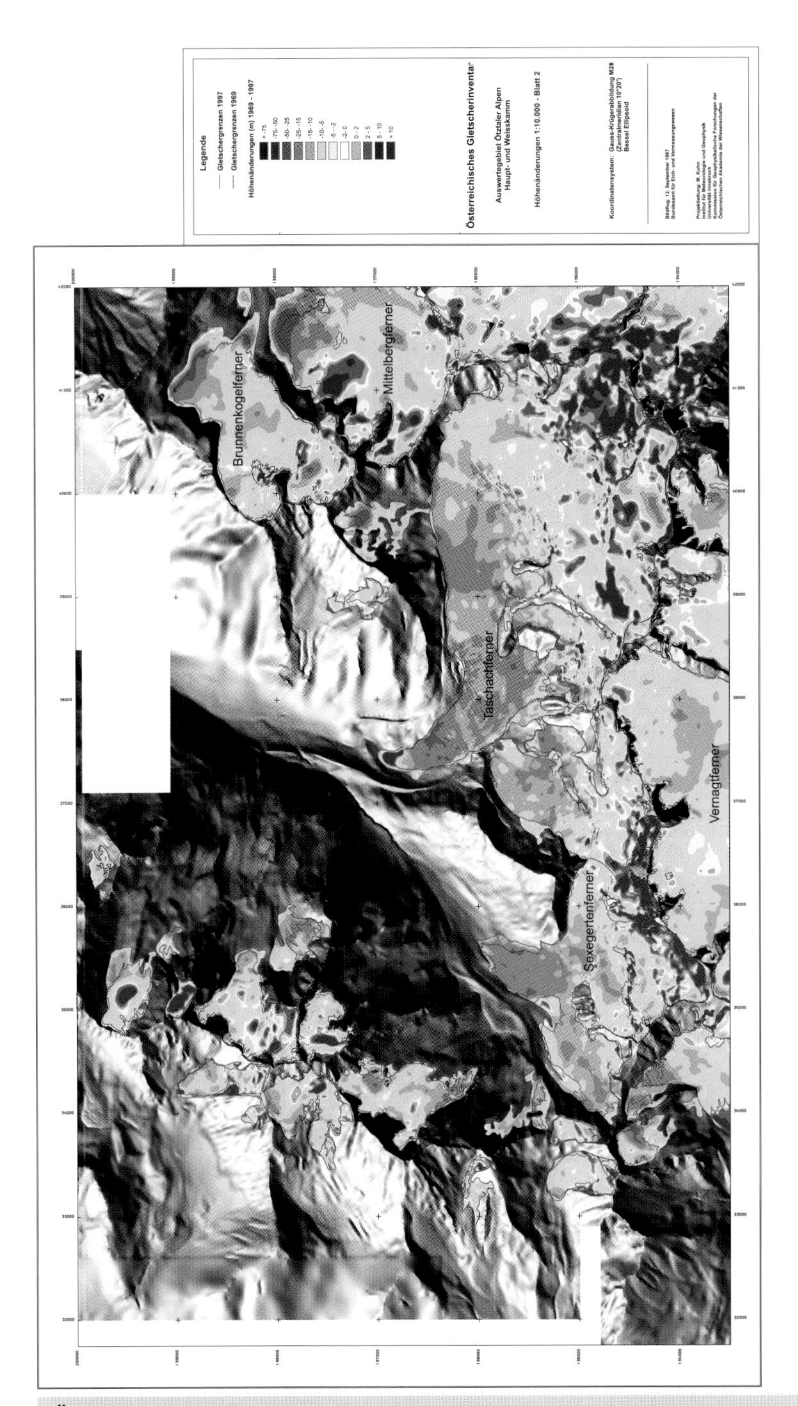

Ötztaler Alpen, Blatt 2, Differenzen

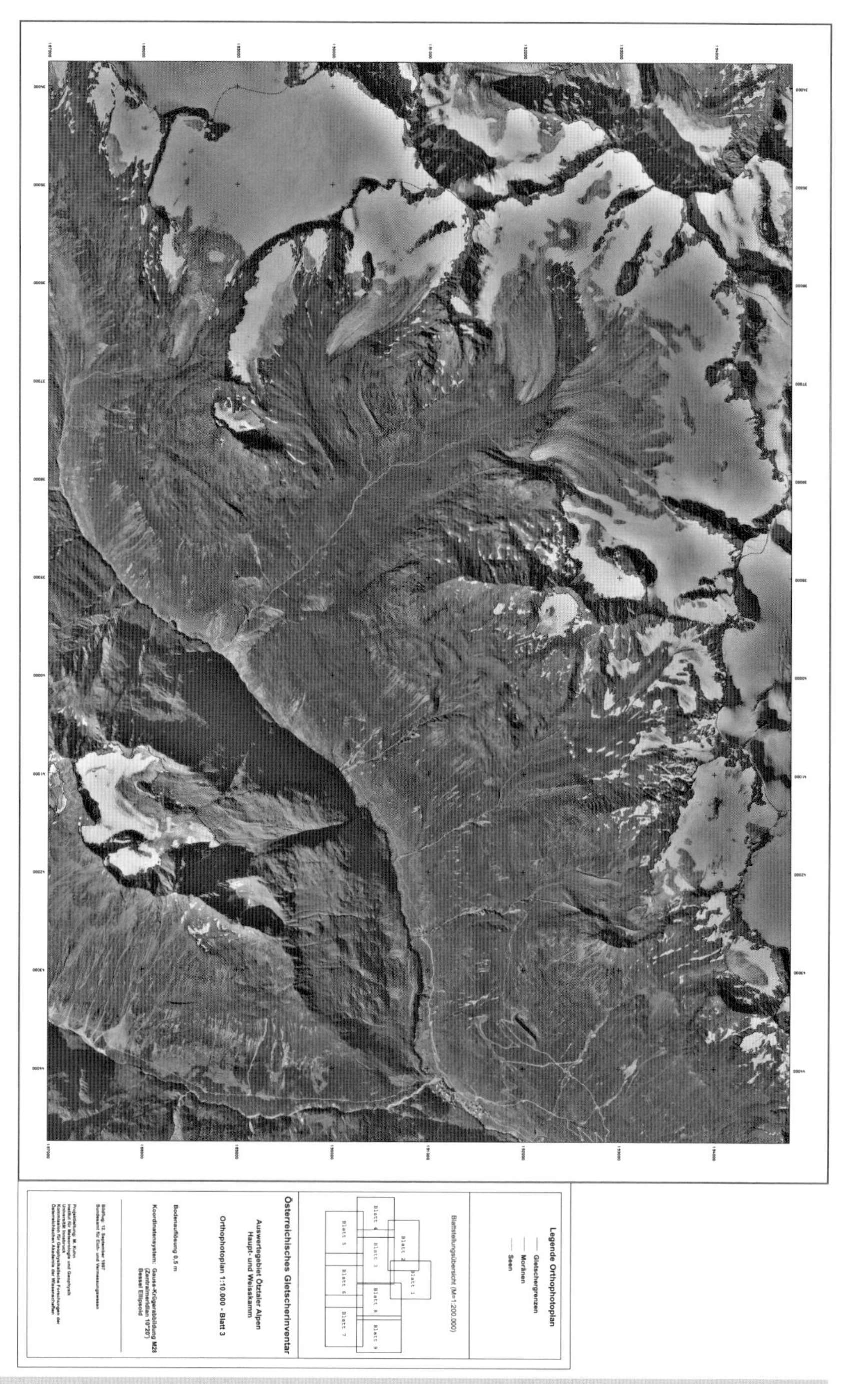

Ötztaler Alpen, Blatt 3, Orthophoto

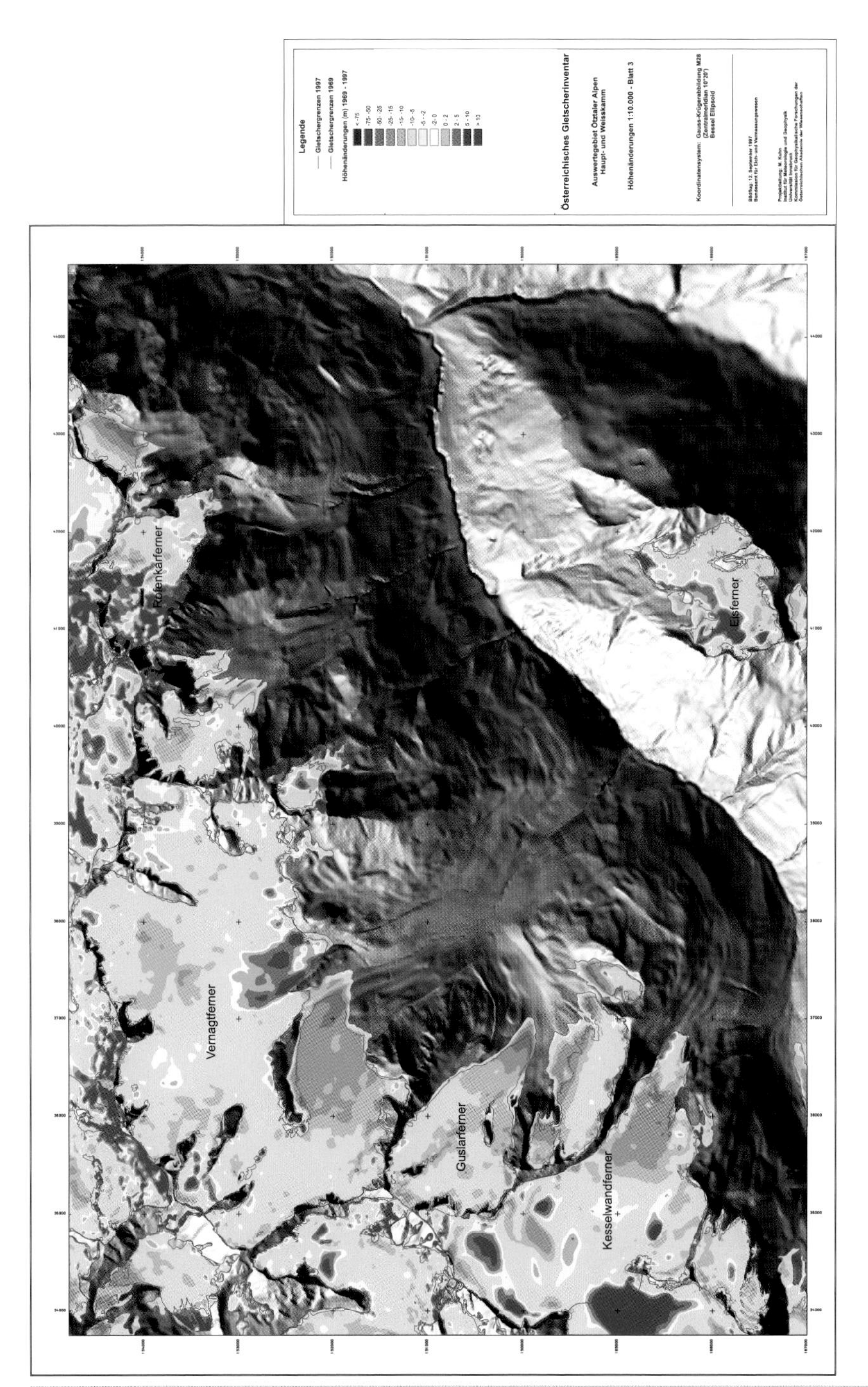

Ötztaler Alpen, Blatt 3, Differenzen

Ötztal
Blatt 4 bis 6

Im Süden an den Gepatschferner anschließend liegt auf dem Blatt 5 der Hintereisferner, seit Langem Arbeitsgebiet des Instituts für Meteorologie und Geophysik der Universität Innsbruck und Trainingsgebiet seiner Studenten. Er ist ein unkomplizierter Vertreter des Typs der Talgletscher mit einem hoch liegenden Firngebiet und einer langen Zunge. Seine Firngrenze zieht von 3100 m Höhe auf den südexponierten Hängen auf etwa 2800 m im Lawinenschnee der nordexponierten. Die mittlere Höhe seiner Gleichgewichtslinie hat sich in den warmen Jahren seit 1980 um ca. 200 m nach oben verschoben.

Seit Beginn der Massenhaushaltsuntersuchungen im Jahr 1952 hat sich seine Eisdicke im Mittel über seine ganze Fläche um ca. 30 m verringert. Dabei lag schon in der kürzeren Periode der Gletscherinventare 1969–1997 das Maximum des Verlusts bei über 75 m Eisdicke.

Da die drei Talgletscher Hintereis-, Hochjoch- und Niederjochferner tief reichende Zungen besitzen, reagieren sie stärker auf die Temperaturveränderungen als auf andere Klimaparameter und weisen damit eine deutliche Abhängigkeit von der Höhenlage auf: starke Ablation unten, leichte Akkumulation oben, wobei die Fließgeschwindigkeiten des immer dünneren Eises derzeit nicht ausreichen, um den Überschuss von oben ins Defizitgebiet nach unten zu transportieren.

Ähnlich wie Taschach- und Sexegertenferner auf Blatt 2 sowie Hintereis- und Hochjochferner auf Blatt 5 sehen wir auf Blatt 6 mit Niederjoch-, Marzell-, Schalf- und Diemferner wieder Gletscher, die von ihren Seitenhängen genügend Schutt geliefert bekommen, um deutliche Rand- und Mittelmoränen zu entwickeln. Ein interessanter Unterschied ist, dass die ersten drei zwar heute an ihren Rändern schuttbedeckt sind, aber ihre frühere Ausdehnung nicht durch Moränenwälle, sondern nur durch Vegetationsgrenzen zeigen. Der ähnlich orientierte Diemferner und sein nördlicher Nachbar Spiegelferner besitzen hingegen selber keine Schuttbedeckung, aber gut entwickelte Seitenmoränenwälle, die von früheren Höchstständen stammen.

Der Schalfferner erreicht Eisdickenverluste von über 75 m, die lokale Eisdickenzunahme in seinem obere Teil wird Windverdriftung sein – das Titelbild dieses Berichts zeigt Windkolke auf der Westseite des Schalfkogels. Auffallend sind die Gegensätze in den Dickenänderungen von Niederjoch- und Schalfferner gegenüber Marzell- und Diemferner.

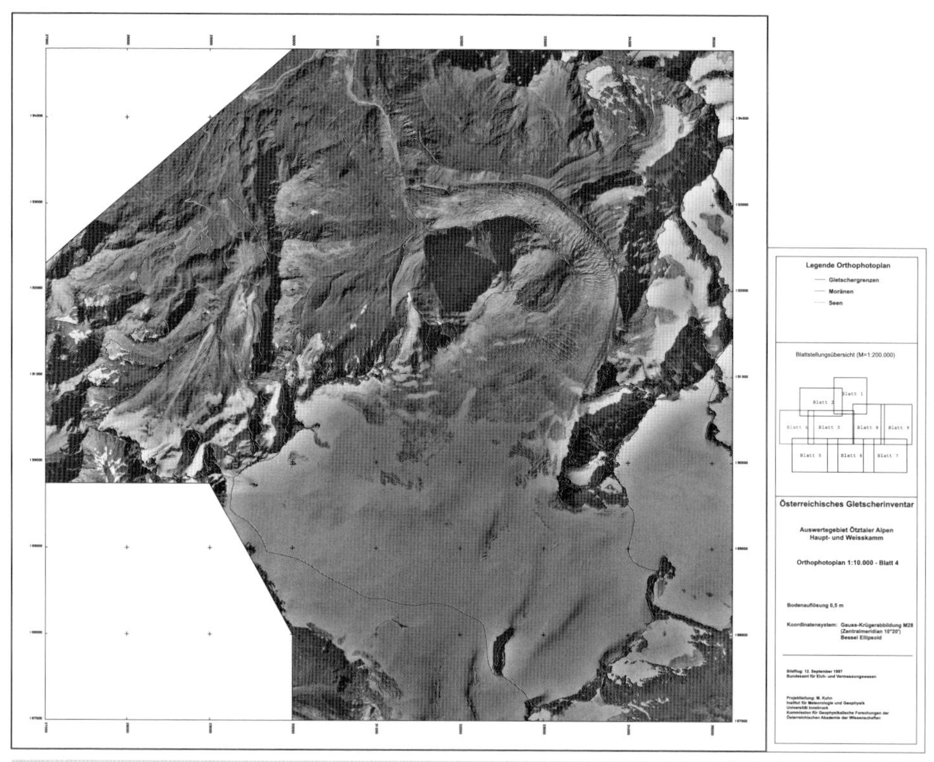

Ötztaler Alpen, Blatt 4, Orthophoto

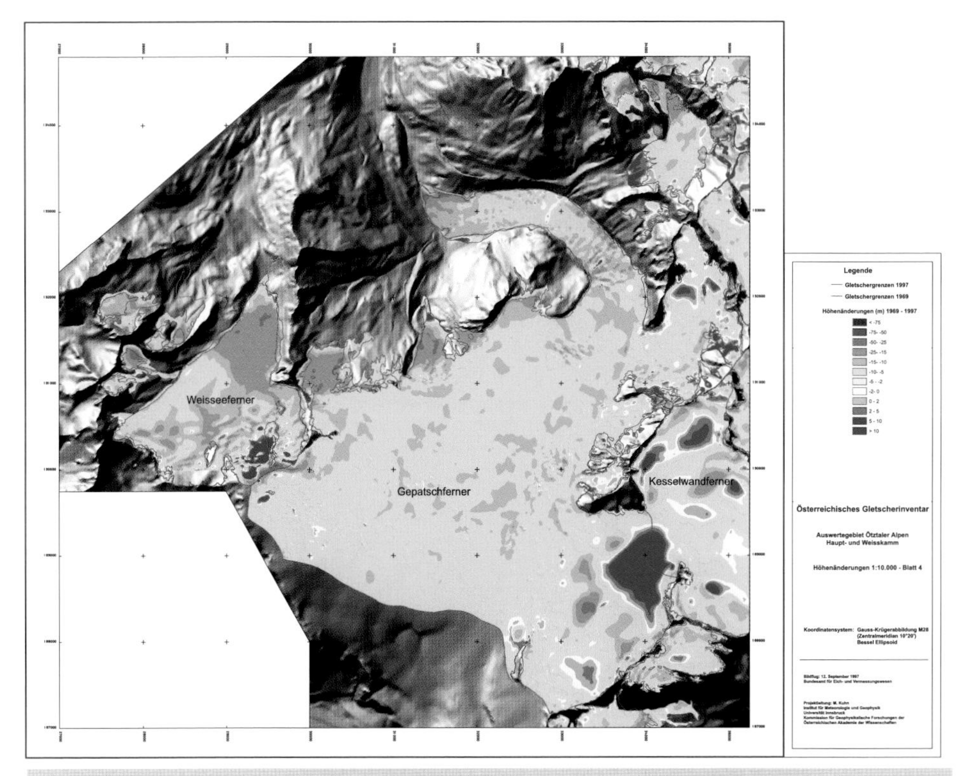

Ötztaler Alpen, Blatt 4, Differenzen

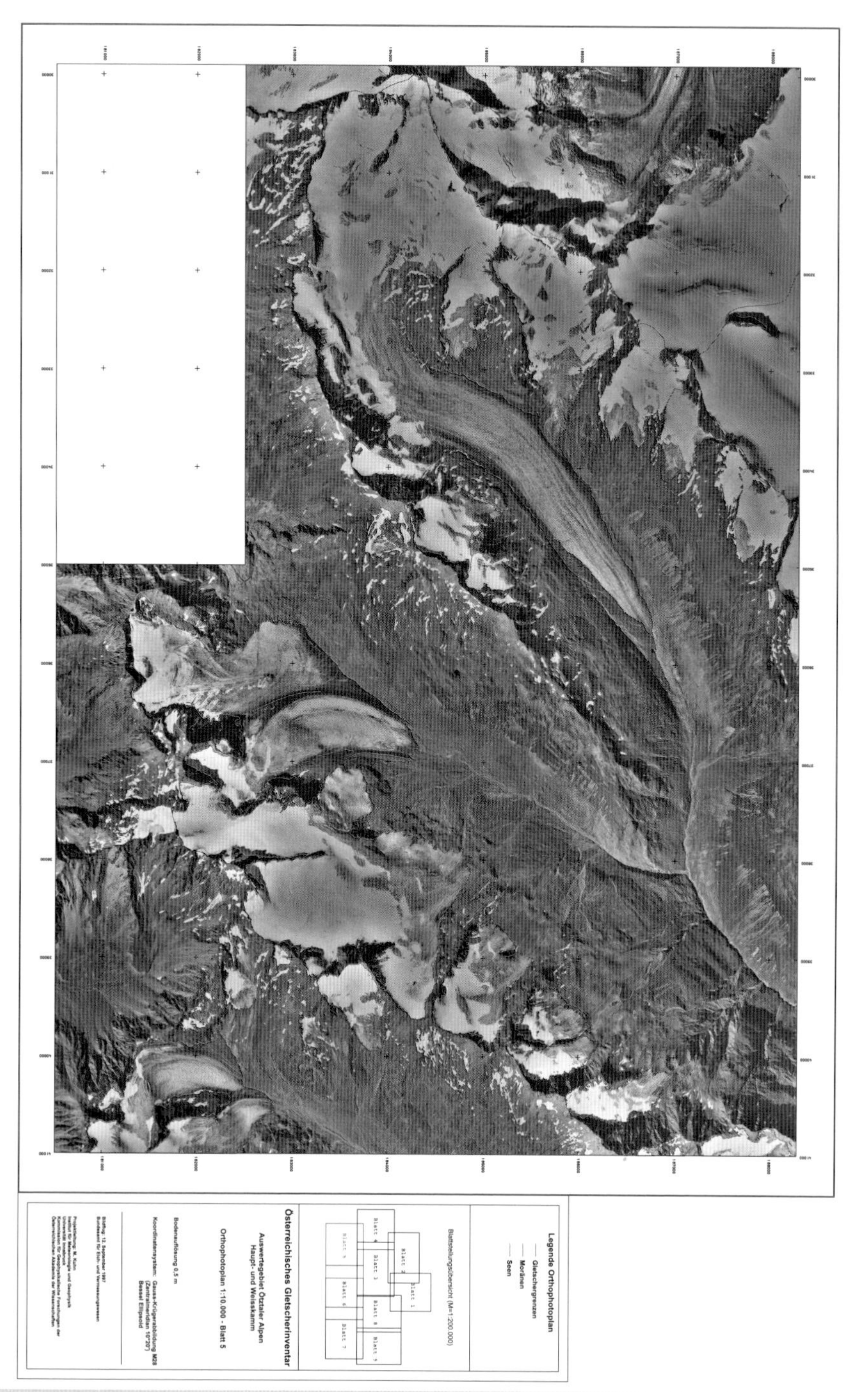

Ötztaler Alpen, Blatt 5, Orthophoto

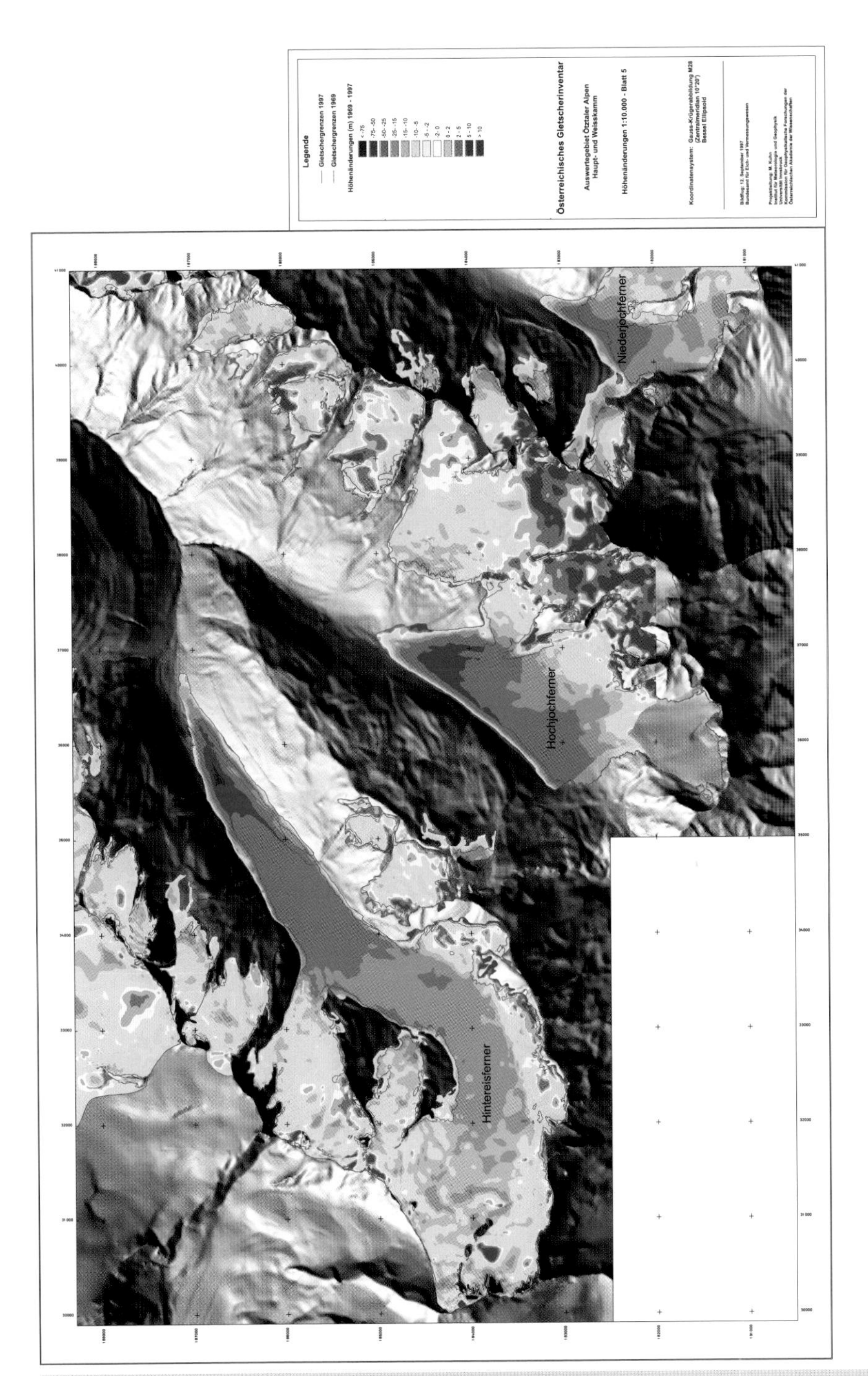

Ötztaler Alpen, Blatt 5, Differenzen

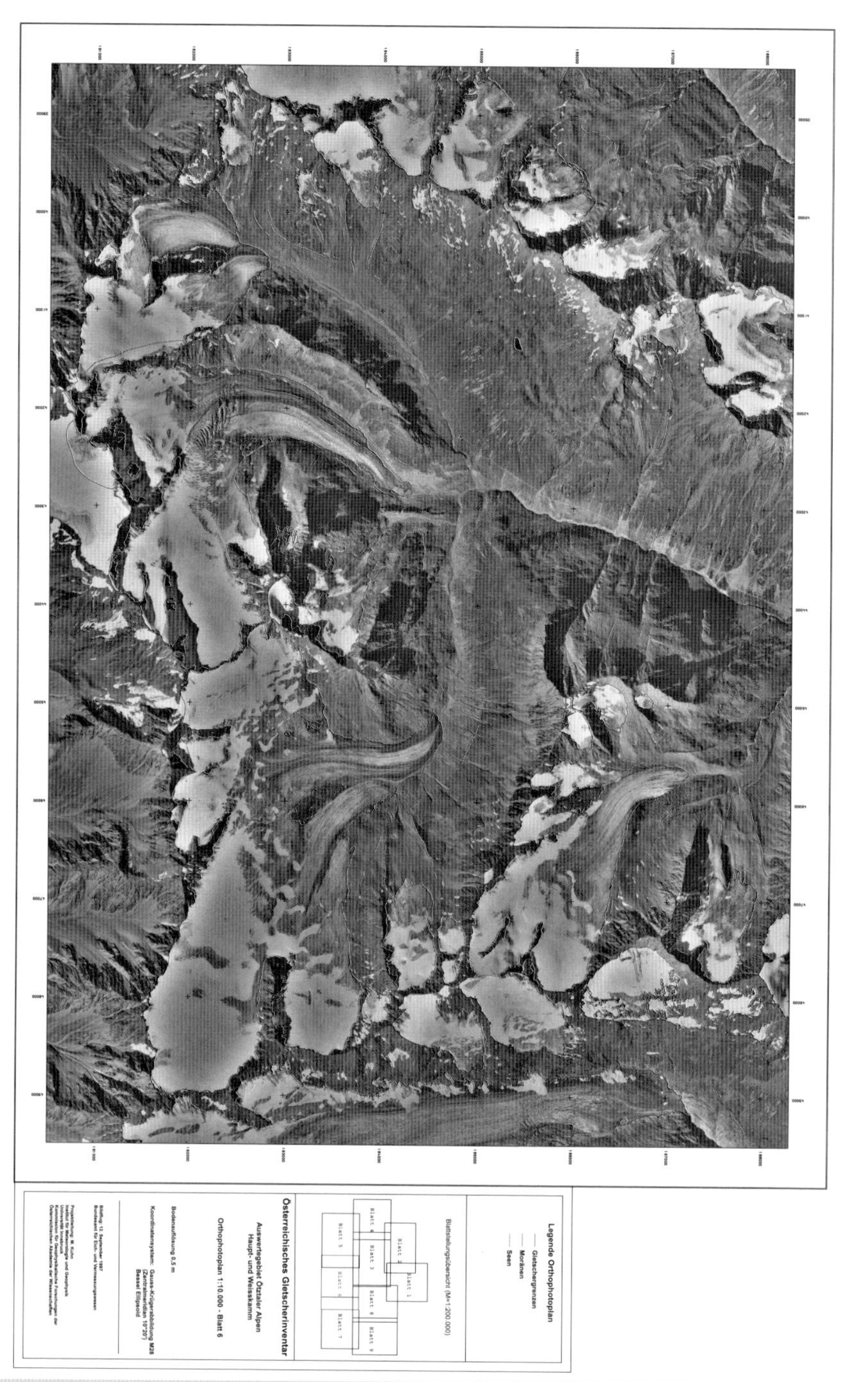

Ötztaler Alpen, Blatt 6, Orthophoto

Ötztaler Alpen, Blatt 6, Differenzen

Ötztal
Blatt 7 bis 9

Die folgenden drei Blätter behandeln das Gurgler Tal, das niederschlagsreicher ist als die Gebiete der Blätter 1 bis 6. Da der Niederschlag ein positiver Beitrag zum Massenhaushalt der Gletscher ist, liegen die Medianhöhen der Gurgler Gletscher (und damit auch die hier nicht gemessenen Höhen der Gleichgewichtslinien) tiefer als in den westlichen Ötztaler Alpen.

In einem niederschlagsbetonten Klima betont eine allgemeine Erwärmung auch die Verschiebung vom Schnee zum Regen. Dies macht sich besonders im Sommer bemerkbar, wenn dann auf den Gletschern die Schneeniederschläge seltener werden, die sonst die Albedo erhöhen und damit das Schmelzen verringern würden. Obwohl der Jahresniederschlag im Gurgler Tal in den letzten Jahrzehnten zugenommen hat, dominiert der Effekt der Erwärmung, so dass in den drei Blättern kaum blaue Farben auftreten. Das wird auch durch die hydrographischen Daten des Pegels Obergurgl bestätigt, der eine Zunahme der Gebietsabflusshöhe von 1961–1980 auf 1981–2000 um rund 100 mm ergibt.

Im Orthophoto Blatt 7 fallen die Wellen der Ausaperung in den Firngebieten des Gurgler und Schalfferners auf, sie sind vielleicht aerodynamisch verursacht, wie auch zu Blatt 6 bemerkt. Der Gurgler Ferner weist maximale Dicken von 180 m auf, aber sein rechter Lappen ist zum Teil weniger als 40 m dick und hat entsprechende Flächenverluste. Der Rotmoosferner scheint sich auf eine Größe reduziert zu haben, in der nur noch geringe Dickenverluste möglich sind.

Die kleinen Gletscher zwischen Rotmoos- und Langtalerferner sind während der 1980er Jahre vorgestoßen und haben 1997 zum Teil einen Nettogewinn behalten.

Im Blatt 8 liegen kleinere Gletscher, die auf der Ostseite zerfallen, auf der West- und Nordseite von starker Beschattung durch Gipfel bis 3550 m Höhe, von denen sie profitieren. Entsprechend ihrer geringen Größe sind sie nahe am Gleichgewicht und haben nur mäßige Höhenänderungen.

Dazu gibt es aber zwei Ausnahmen. Erstens, der Loobferner am Zirmkogel, eine der wenigen runden Eiskappen des Gebiets, die einen Gipfel überdecken und mehr aerodynamisch als klimatisch kontrolliert werden, hat seine Firnhaube aufgebaut. Zweitens der unbenannte Gletscher nördlich des Stockkogels, bei dem sich eine stark mit Schutt bedeckte und dadurch vom Schmelzen bewahrte Eismasse nach unten verlagert hat.

Blatt 9 zeigt den nördlichen Ausläufer des Gurgler Kamms von der Liebener Spitze bis zum Timmelsjoch. Die Gletscher sind überwiegend klein und wenig aussagekräftig. Die Gletscher östlich des Hauptkamms sind teils überbelichtet.

Interessant ist der Gaisbergferner, der schon bei der Besprechung des Taschachferners auf Blatt 2 erwähnt wurde. Im Orthophoto zeigt er deutlich seine ehemalige Ausdehnung, die nur um ca. ein Viertel seiner heutigen Länge größer war, während der südlich benachbarte Rotmoosferner seine Länge um den Faktor zwei verändert hat.

Seit 1969 hat der Gaisbergferner auf dem sonnenexponierten, rechten Teil seiner Zunge bis zu 50 m Eis verloren, auf dem linken, schuttbedeckten, hat die Eisdicke bis zum heutigen Ende zugenommen, davor ist ein langer, schmaler Streifen geschmolzen.

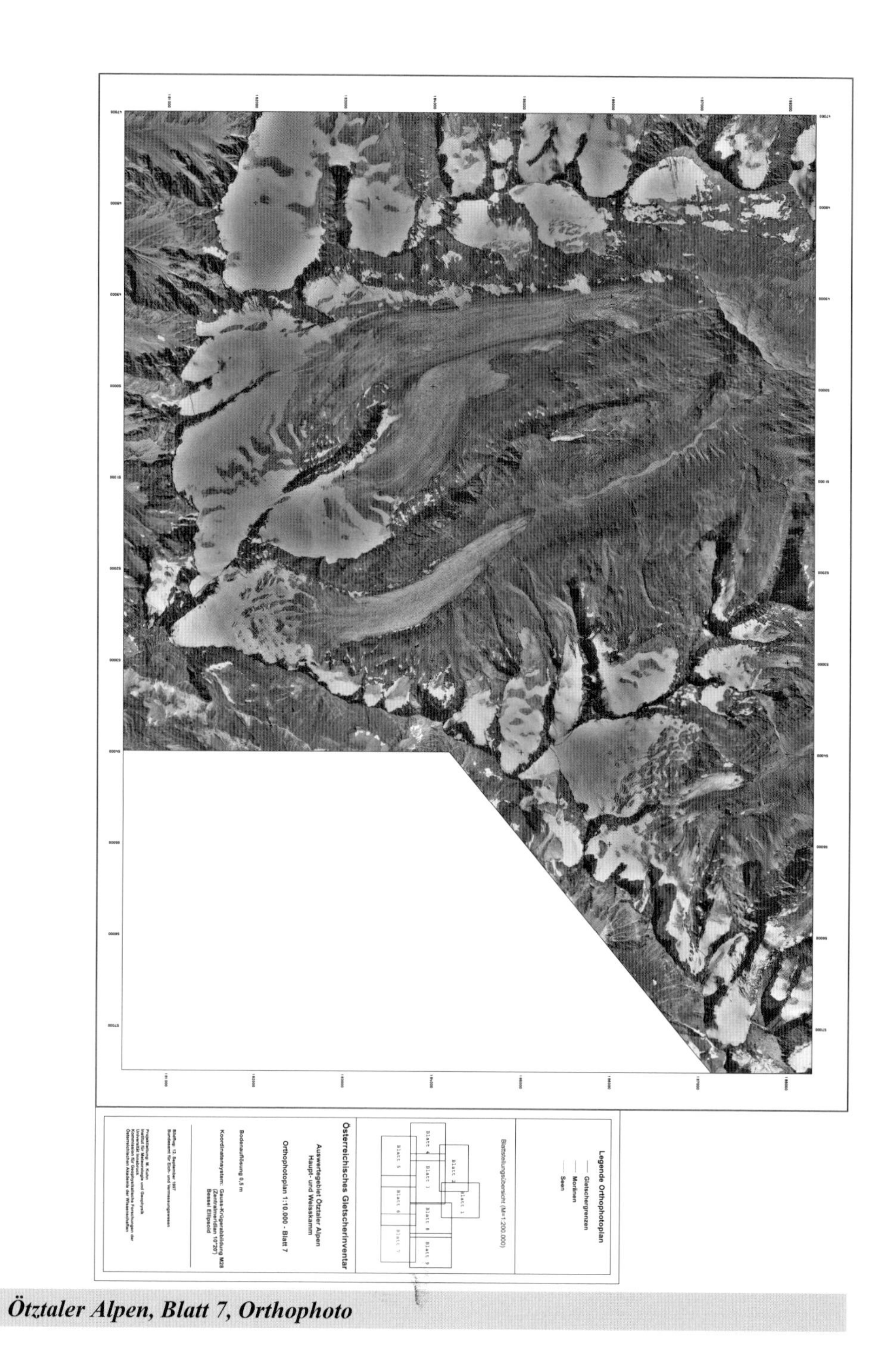

Ötztaler Alpen, Blatt 7, Orthophoto

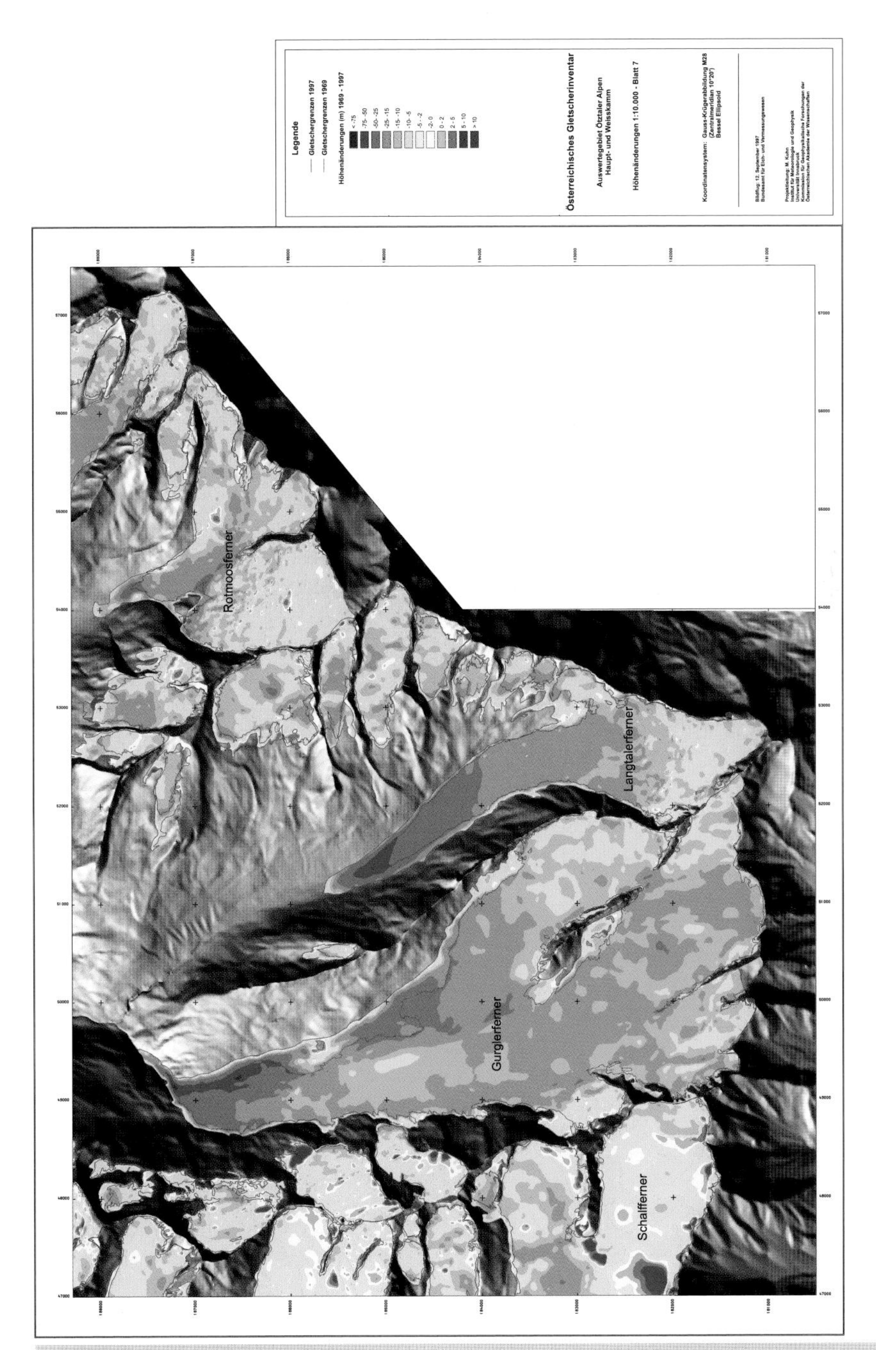

Ötztaler Alpen, Blatt 7, Differenzen

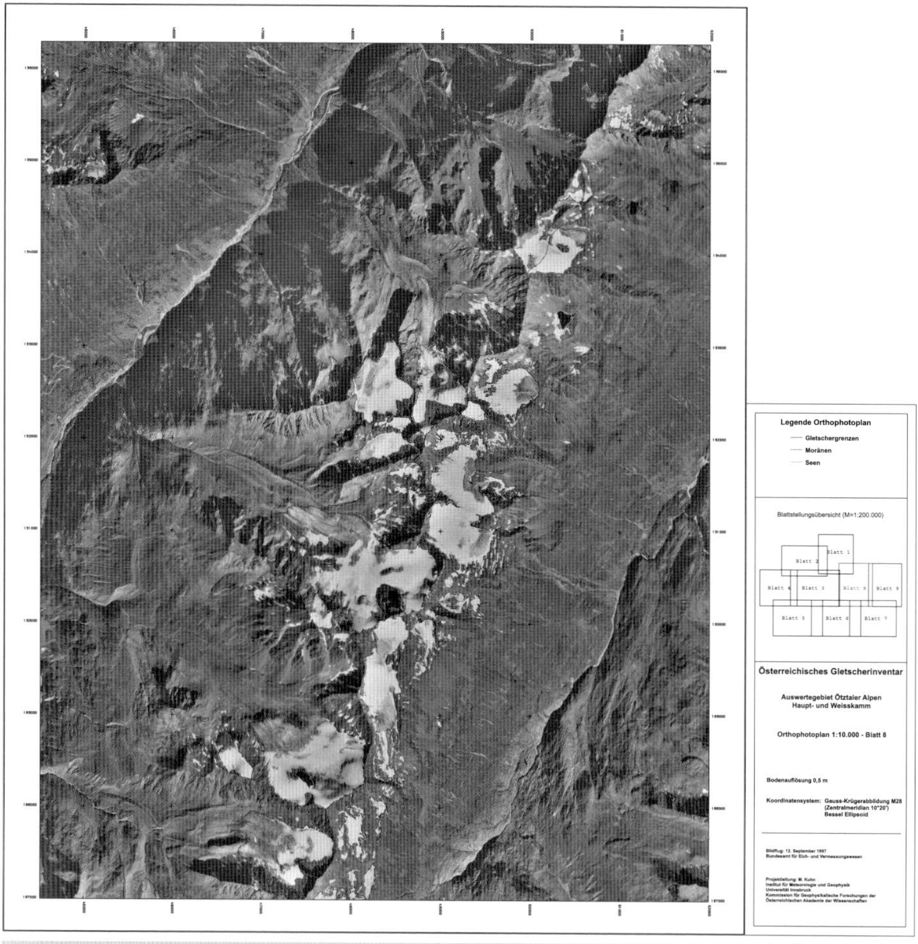

Ötztaler Alpen, Blatt 8, Orthophoto

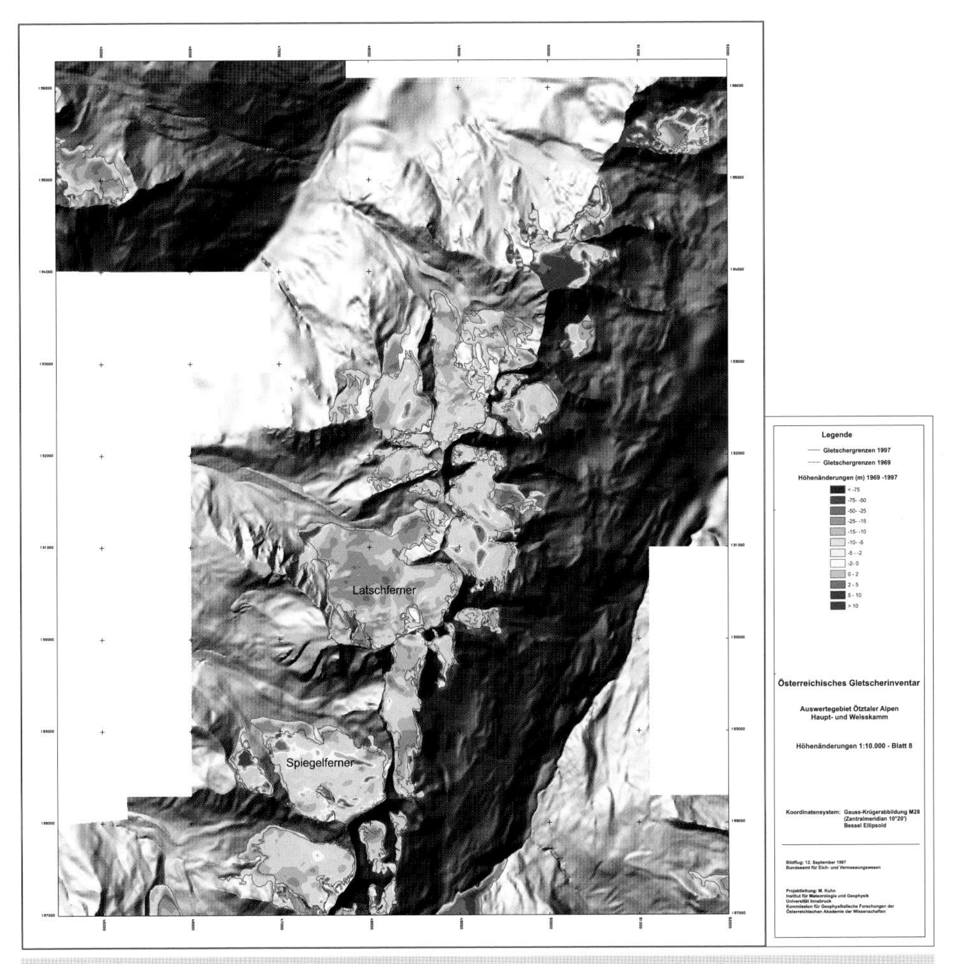

Ötztaler Alpen, Blatt 8, Differenzen

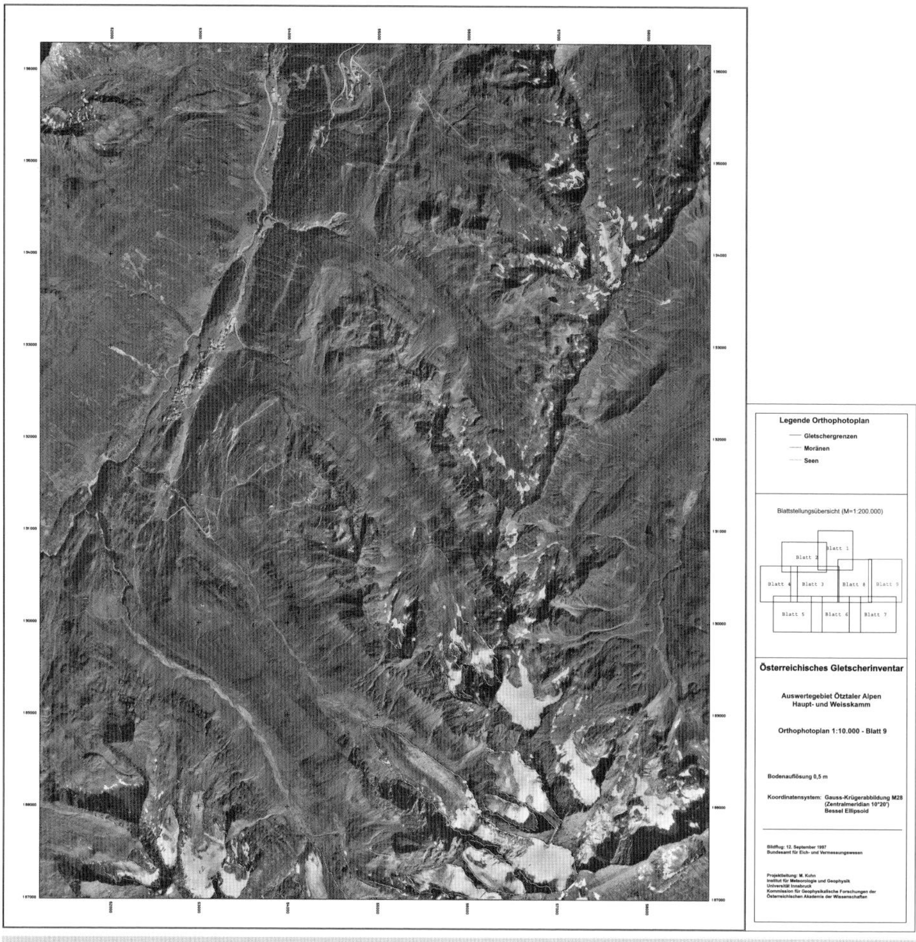

Ötztaler Alpen, Blatt 9, Orthophoto

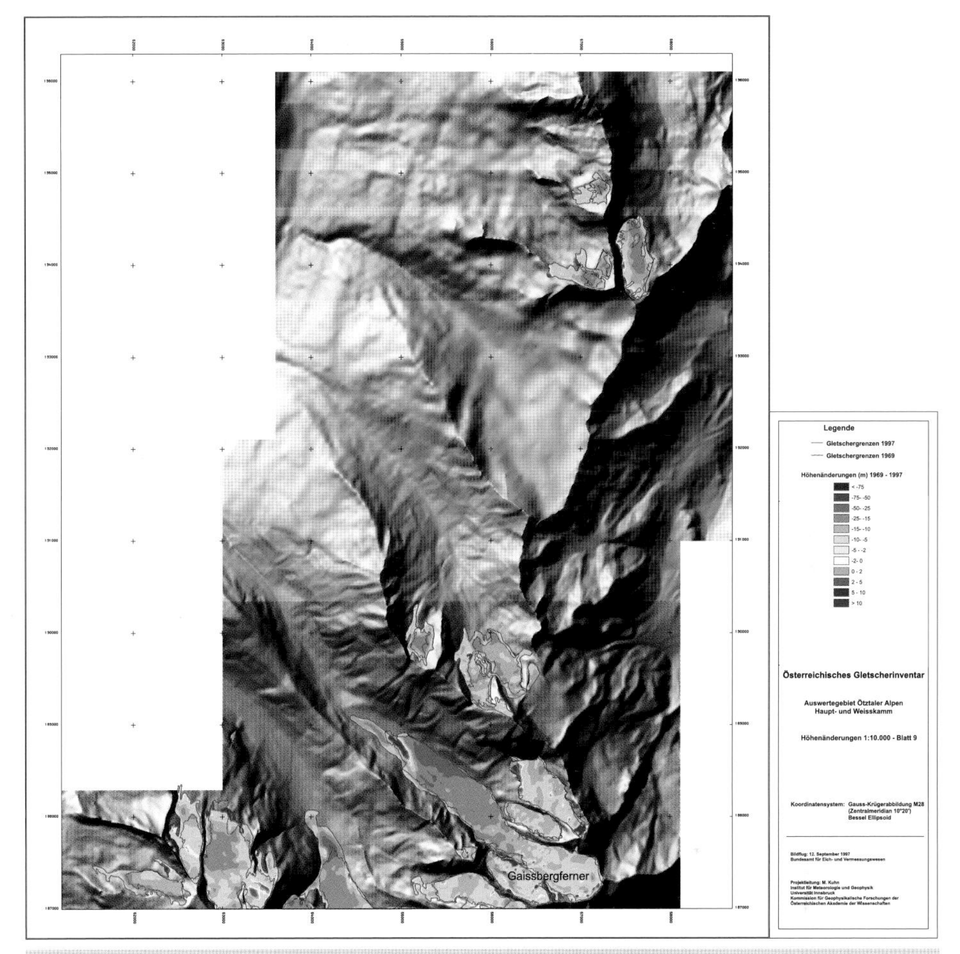

Ötztaler Alpen, Blatt 9, Differenzen

Stubai
Blatt 1 bis 3, 9, 10

Bei den Ötztaler Gletschern wurde die Abnahme der Medianhöhe der Gletscherflächen von Westen nach Osten betont. Sie beruht darauf, dass Gepatsch- und Hintereisferner nach Norden von den Nördlichen Kalkalpen, nach Süden von der Ortler- und Adamellogruppe abgeschirmt werden, die Berge des Gurgler Tals nach Süden durch das Passeiertal für Niederschläge offen sind. Die südlichen Stubaier Alpen sind für den Niederschlag auch wieder durch das Passeiertal und durch das Eisacktal erreichbar. Die Akkumulation von Schnee wird durch die Windverfrachtung im Lee und durch die Ablagerung von Lawinen auf der steilen Nordseite des Alpenhauptkamms gefördert. So ist die Medianhöhe der Gletscher im Gschnitztal (Blatt 3) um fast 400 m niedriger als im südlichen, abgeschrimten Ötztal.

Sulzenau- und Grünauferner auf Blatt 2 haben mit ihren alten Moränen die zwei im Orthophoto grün umrandeten Seen aufgestaut. Die starke Ausprägung der Moränen wird durch die Zufuhr von Gestein aus den steilen Umrandungen der beiden Gletscher gefördert. Die Wandflucht, die den westlichen und östlichen Teil des Sulzenauferners bildet, ist ein besonders wirksamer Schuttlieferant und bildet seine breite Mittelmoräne.

Auf Blatt 1 haben die größeren Gletscher gleichmäßig, aber nur mäßig Eis verloren, an sehr wenigen, flachen Stellen mäßig dazu gewonnen. Auf Blatt 2 hat die Stufe im unteren Teil des Sulzenauferners verloren, seit 1997 hat sich dort ein Felsenfenster geöffnet. Der Grüblferner erlitt stärkere Verluste, aber die am tiefsten liegenden Gletscher des Gschnitztals auf Blatt 3 weisen nur geringe Verluste auf. Sie scheinen stärker topographisch als klimatologisch kontrolliert zu werden.

Ähnlich ist es mit dem Lisenser Ferner auf Blatt 9, der großflächig 5 bis 15 m verloren hat, aber mit seiner Topographie unter seinen Nachbarn atypisch ist. Der Fotscher Ferner am Nordrand des Blatts ist lawinenernährt und liegt im Schatten einer hohen Wand. Er weist damit starke topographische Kontrollen auf und ist klimaresistent. Die geringen Eisdickenverluste dieser beiden Gletscher sind weitgehend unabhängig von der Höhe.

Wiederum ähnlich ist die Situation des Alpeiner Ferners und seiner Nachbarn auf Blatt 10. Hier sind Verluste von 10 m ohne starke Höhenabhängigkeit typisch, einige Zungen erreichen höhere Werte, die kleinen Gletscher am Ostrand befinden sich im Zerfallsstadium.

Besonders auf dem Hillshade sind die Moränen der kleinen Eiszeit deutlich sichtbar, entsprechend der niedrigen Kammumrahmung zeigen sie große relative Längenänderungen. Auf der südexponierten Seite am unteren Bildrand ist es schwierig, den Schattenwurf der Hillshades glaziologisch zu interpretieren.

Stubaier Alpen, Blatt 1, Orthophoto

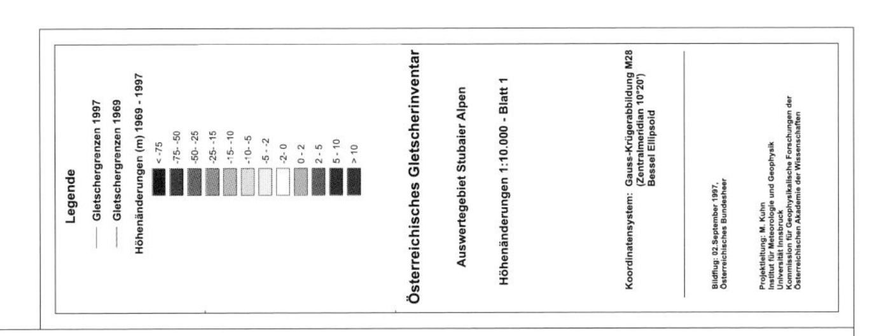

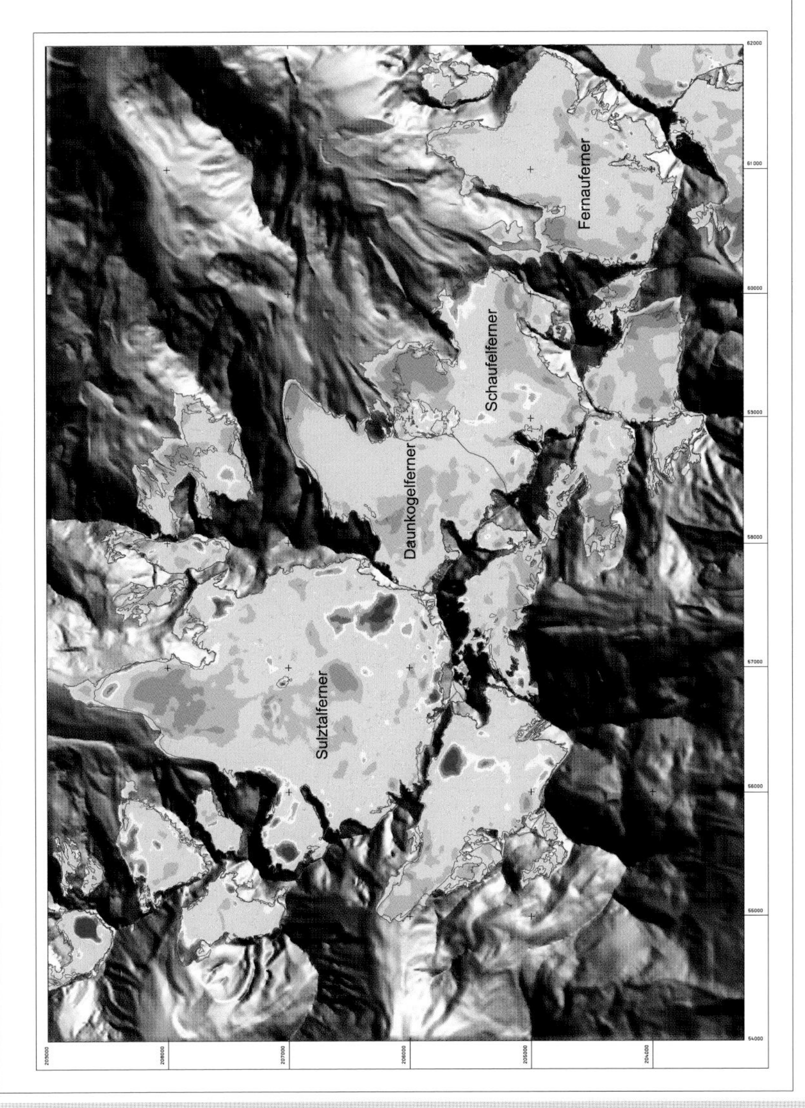

Stubaier Alpen, Blatt 1, Differenzen

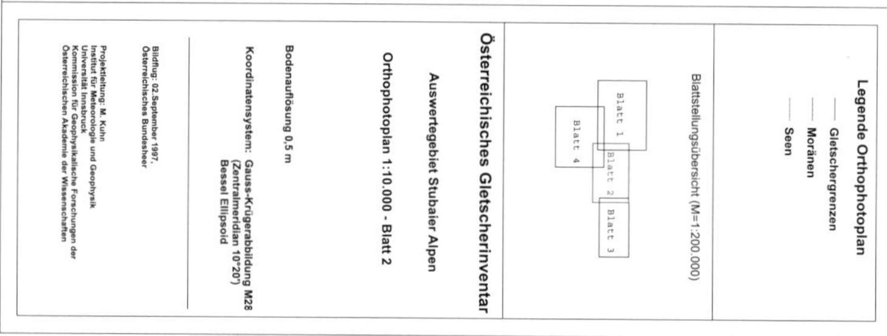

Stubaier Alpen, Blatt 2, Orthophoto

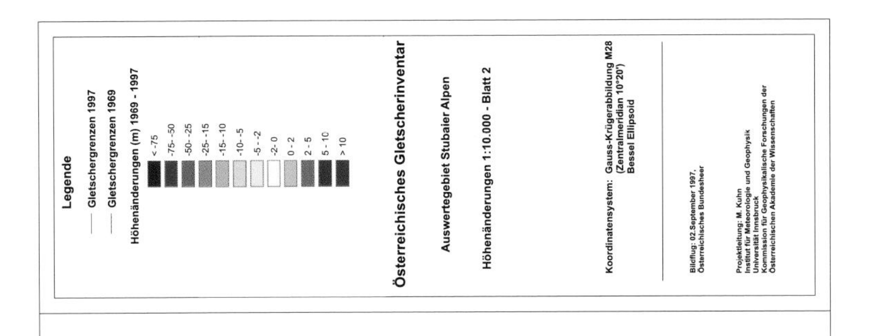

Stubaier Alpen, Blatt 2, Differenzen

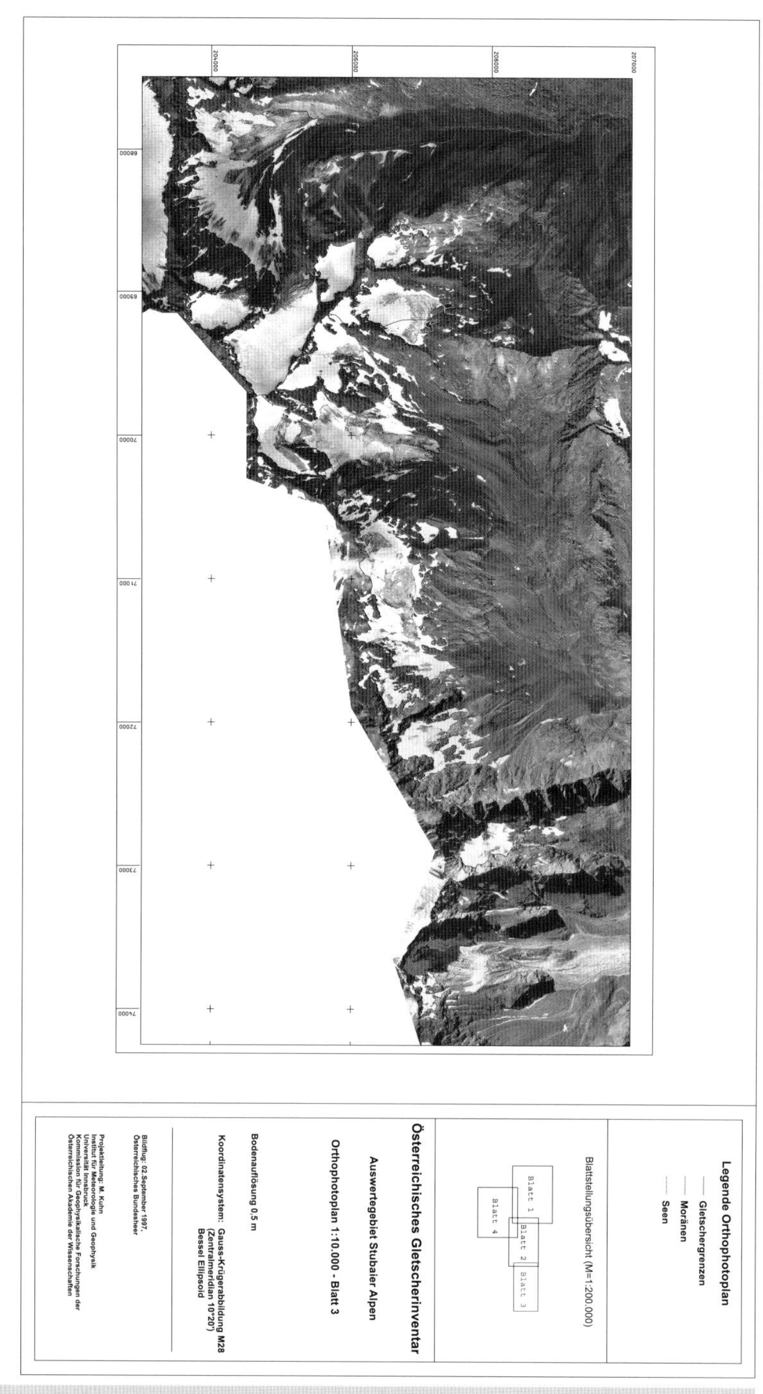

Stubaier Alpen, Blatt 3, Orthophoto

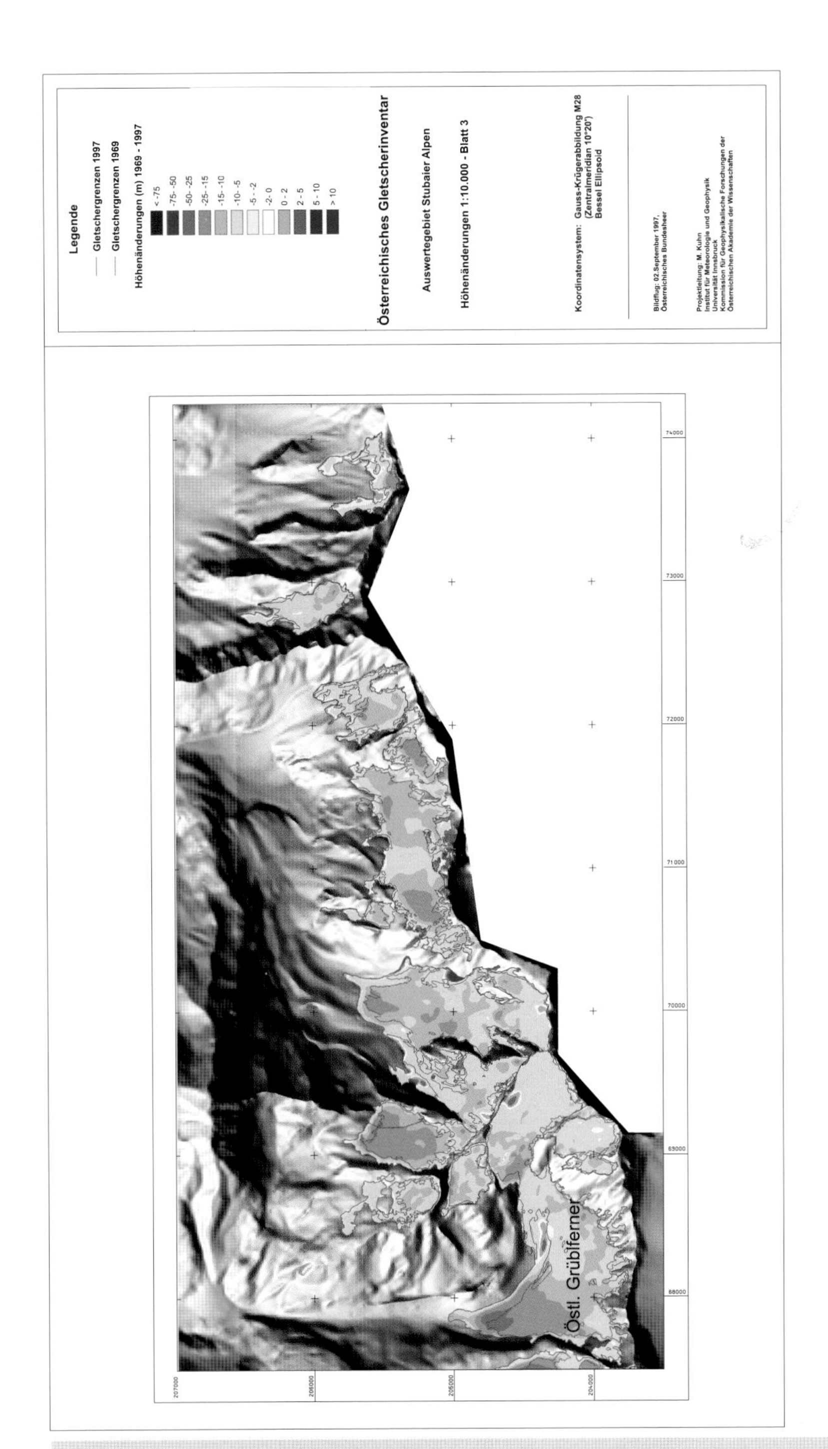

Stubaier Alpen, Blatt 3, Differenzen

Stubaier Alpen, Blatt 9, Orthophoto

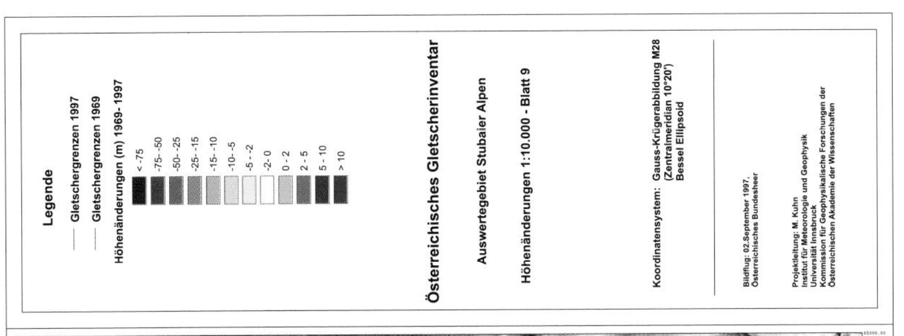

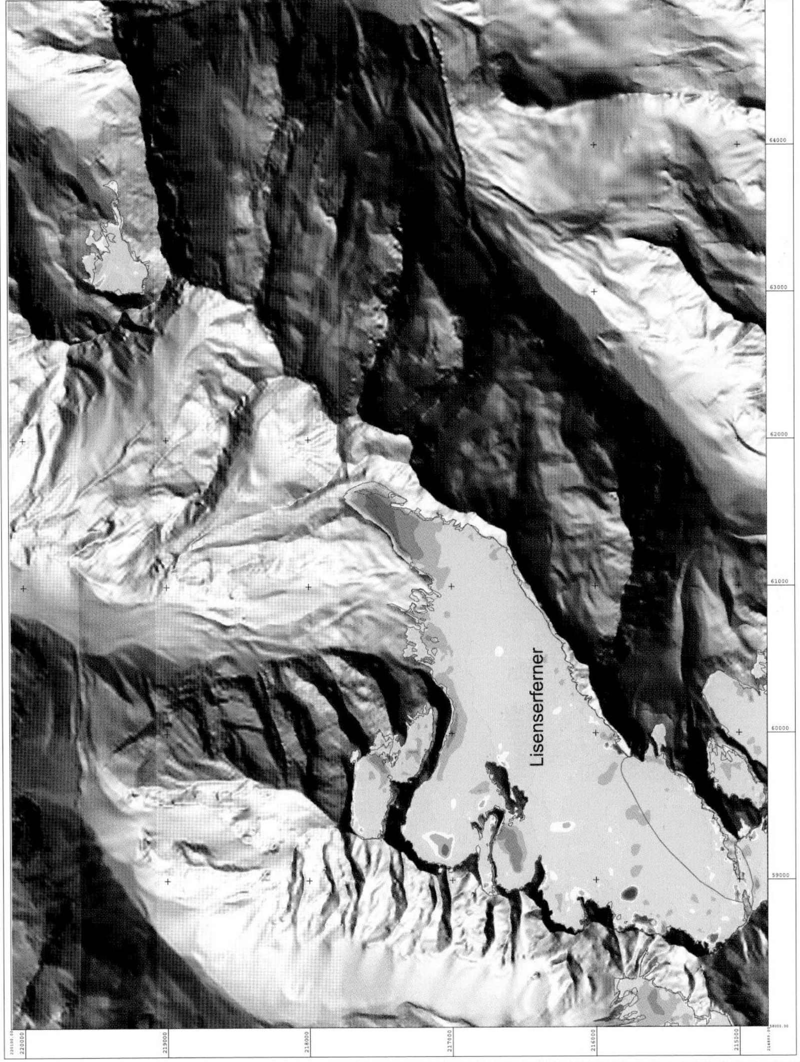

Stubaier Alpen, Blatt 9, Differenzen

Stubaier Alpen, Blatt 10, Orthophoto

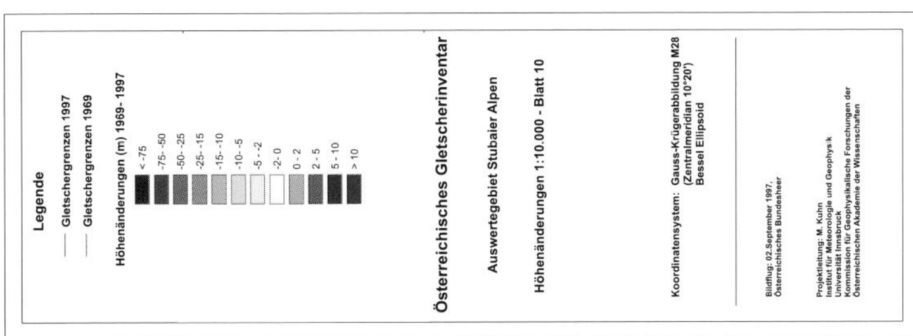

Stubaier Alpen, Blatt 10, Differenzen

Zillertal
Blatt 2 bis 6

Das Gebiet des Olperers auf Blatt 2 ist links und rechts durch scharfe Grate unterteilt, weist aber in seiner Mitte den sanften Übergang vom Riepenkees zum Gefrorene Wand Kees (= Tuxer Ferner) auf. Hier liegt die zweite Sprachgrenze, östlich von der die Gletscher nicht mehr der Ferner, sondern das Kees genannt werden. Mit zwei lokal begrenzten Ausnahmen am Nordrand erlitt das Gebiet entsprechend seiner Höhenlage von unter 3200 m Eisdickenverluste. Diese waren auf der Südseite stärker. Im Orthophoto sind lineare Spuren des Skiliftbetriebs zu erkennen, auf der Süd- und Ostseite zerfallen kleinere Gletscher.

Blatt 4 zeigt das Gebiet südlich des Schlegeisspeichers, das von Gipfeln bis 3510 m umrahmt ist. Auf seinen Gletschern ist der Eisdickenverlust deutlich höhenabhängig und wird nur minimal durch Zuwachs ausgeglichen. Der Kranz der Gletscher vom Schlegeis- zum Furtschagelkees war früher geschlossen und sandte eine Zunge bis fast zum Ende des heutigen Speichersees.

Das Gebiet der Berliner Hütte auf dem Blatt 5 besitzt eine große glaziologische Tradition. Hier wurden die ersten einer langen Reihe von sogenannten Gletscherkursen abgehalten, die seit den 1920er Jahren Eleven von allen Seiten der jungen Wissenschaft der Gletscherkunde zusammenführten. Heute ist das Gebiet erstens dadurch bedeutend, dass Waxegg-, Horn- und Schwarzensteinkees im Zehnjahresrhythmus vermessen werden und zweitens dadurch, dass hier ein Gletscherlehrpfad dieses gut erforschte Gebiet den Wanderern erklärt.

Auf Blatt 5 und 6, im Übergang vom Schwarzenstein- zum Floitenkees, liegt wiederum in einem flachen Kammbereich ein kleines Areal mit positiver Höhenänderung, die wahrscheinlich der Windverfrachtung zu verdanken ist. Dagegen ist der Höhengewinn auf der Zunge des Floitenkees die Folge eines Gletschervorstoßes.

Mit dem Zuwachs im Gipfelbereich des Schwarzensteinkees, dem Riepenkees, dem Loobferner und dem Gepatschferner wurden Beispiele für jene seltenen Fälle beschrieben, in denen Alpengipfel eisbedeckt sind. Die Mehrzahl der hier gezeigten Gletscher sind Hang-, Tal- und Kargletscher.

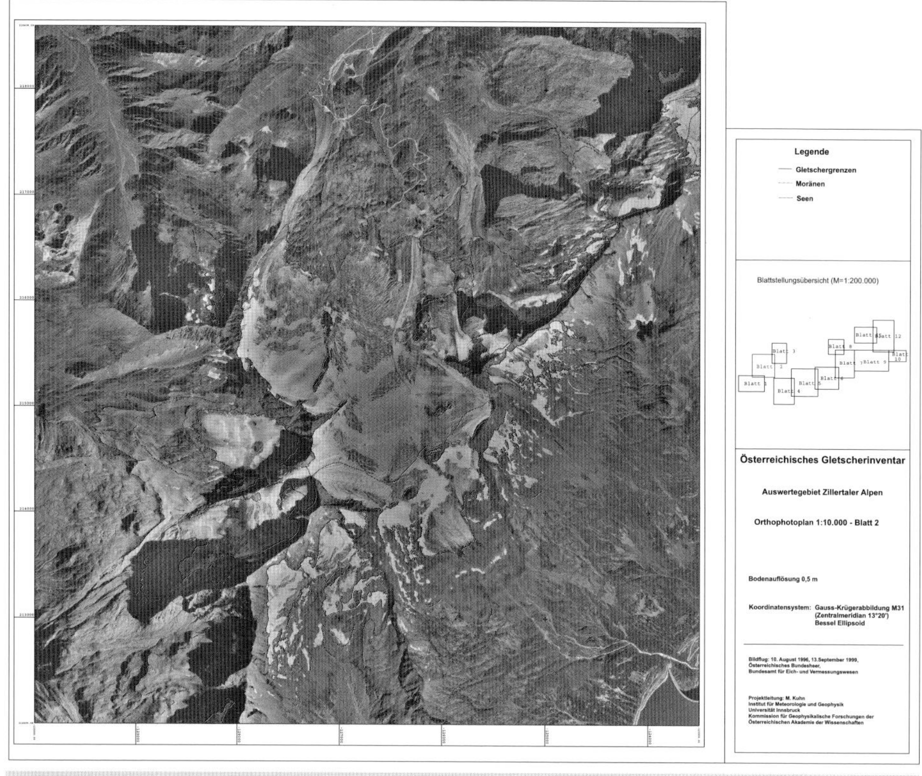

Zillertaler Alpen, Blatt 2, Orthophoto

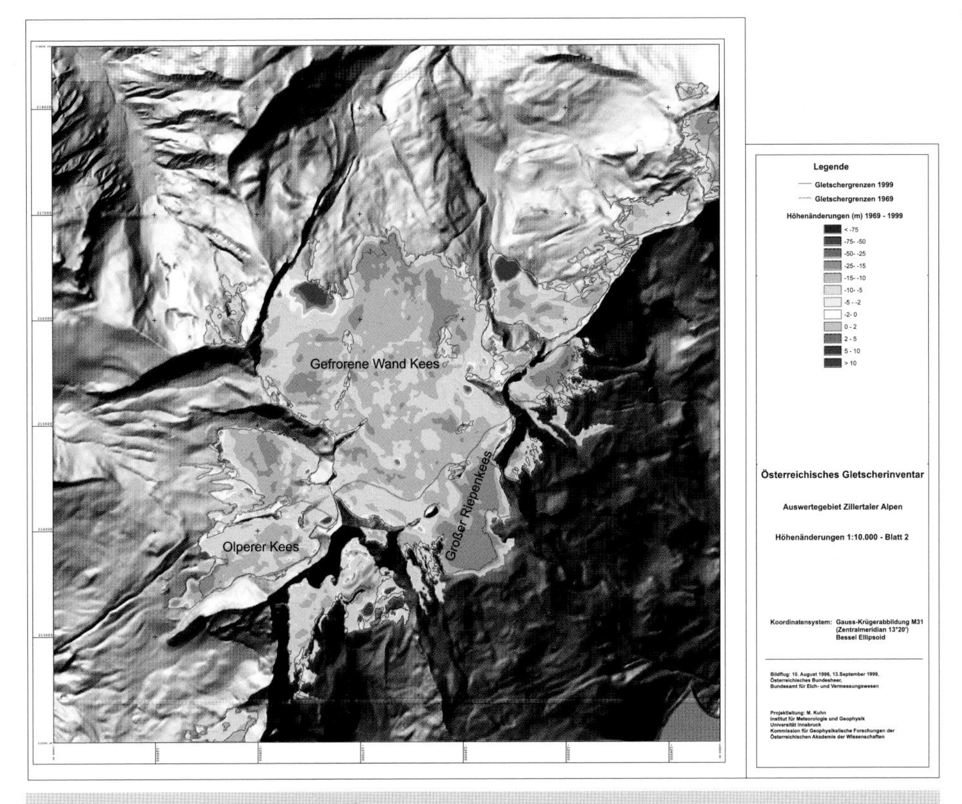

Zillertaler Alpen, Blatt 2, Differenzen

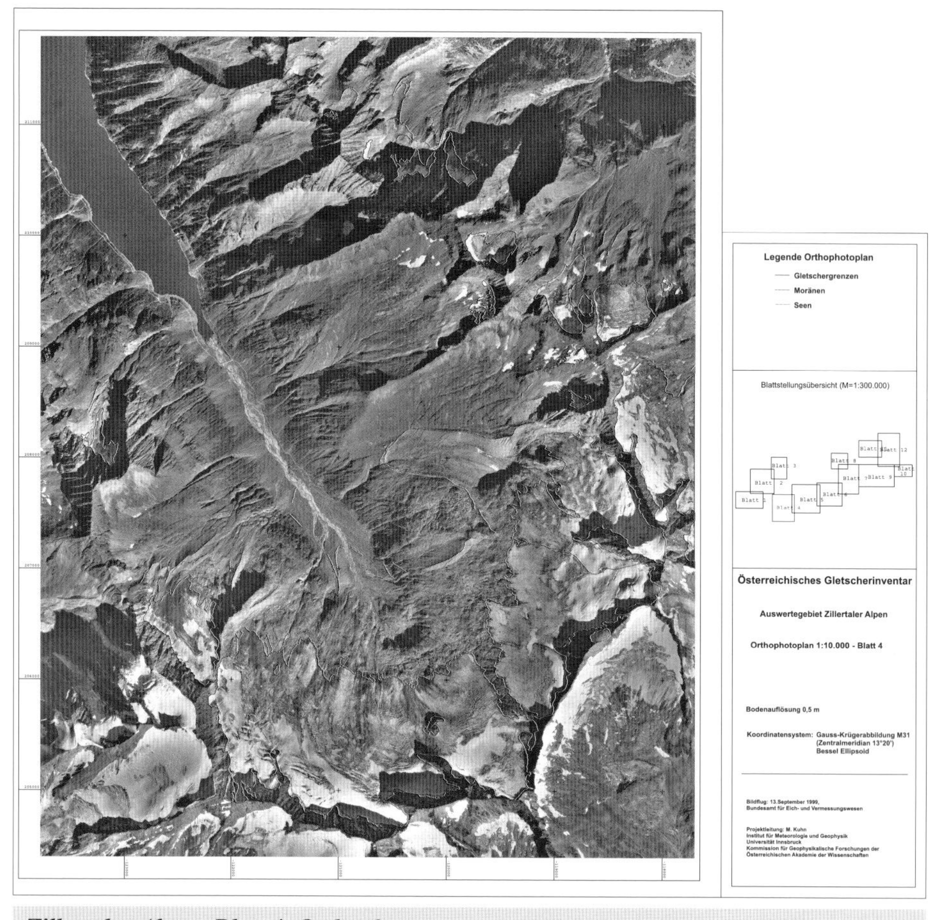

Zillertaler Alpen, Blatt 4, Orthophoto

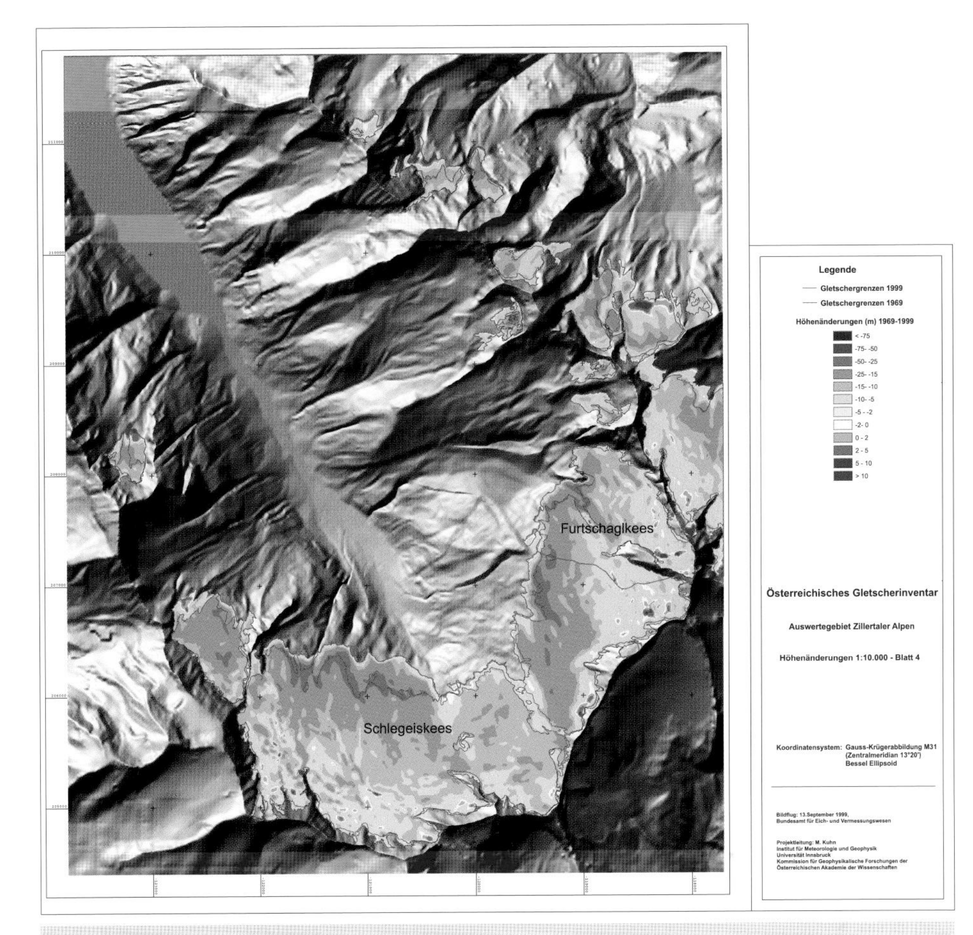

Zillertaler Alpen, Blatt 4, Differenzen

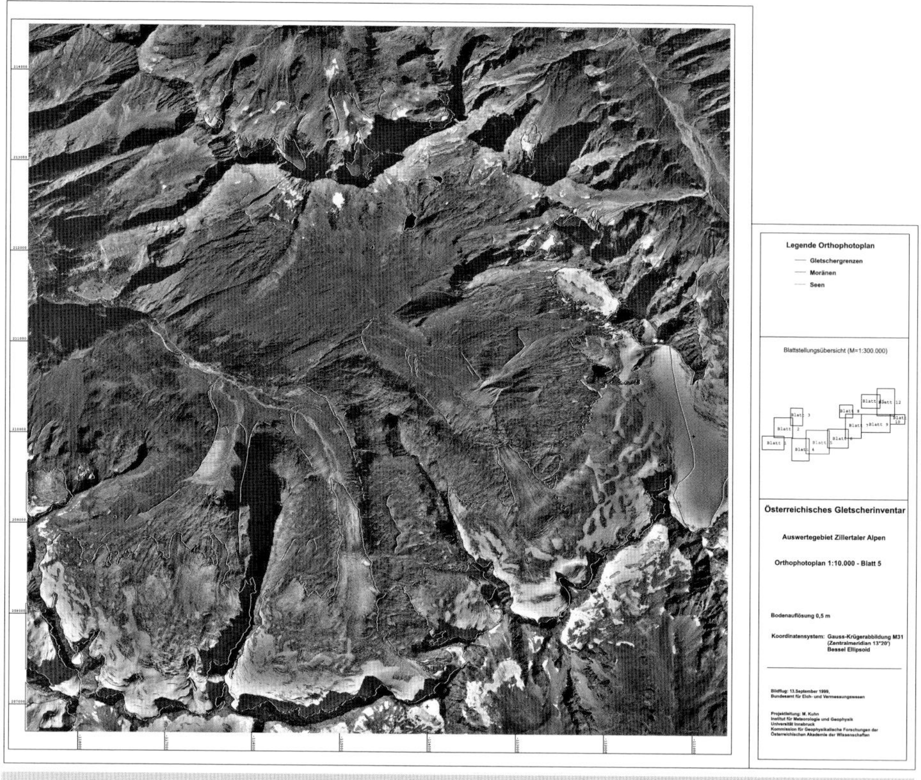

Zillertaler Alpen, Blatt 5, Orthophoto

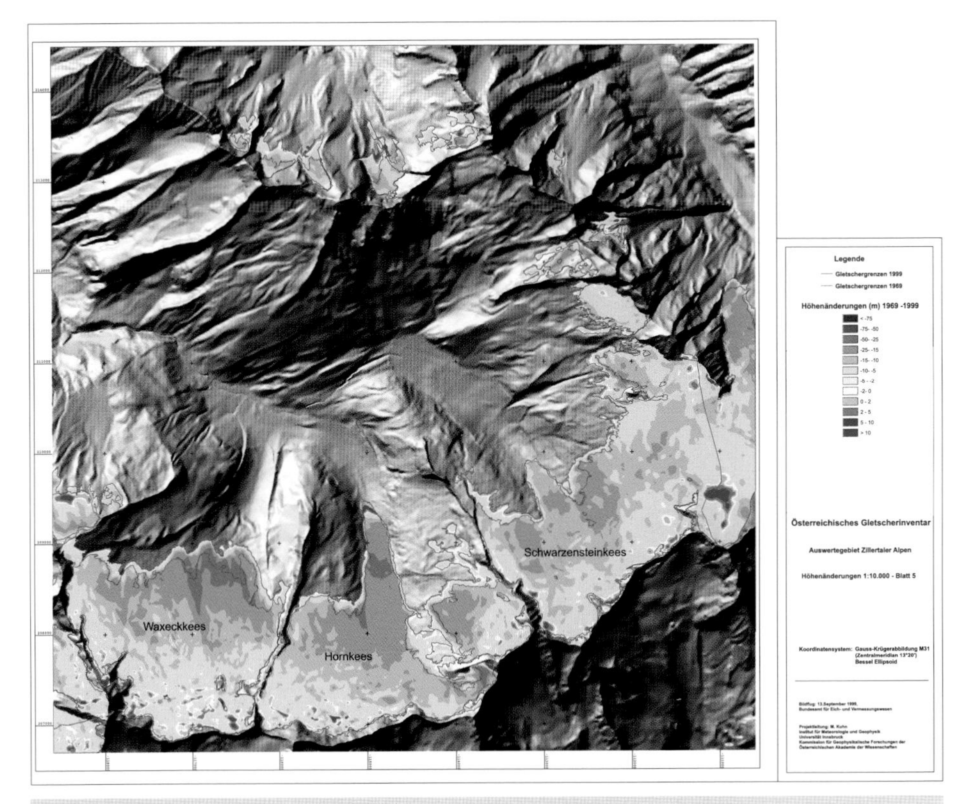

Zillertaler Alpen, Blatt 5, Differenzen

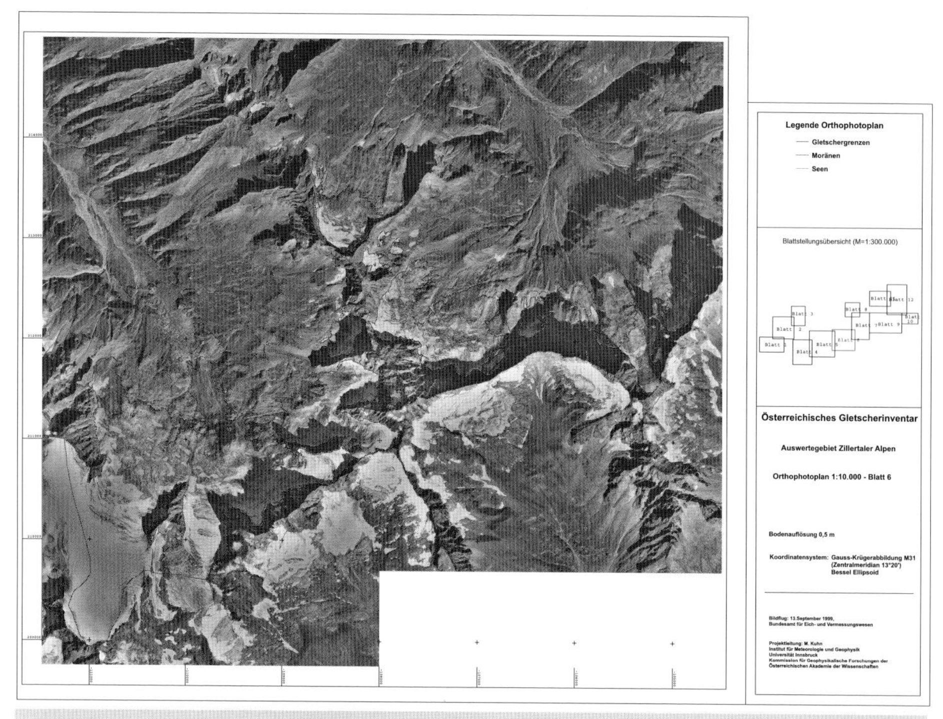

Zillertaler Alpen, Blatt 6, Orthophoto

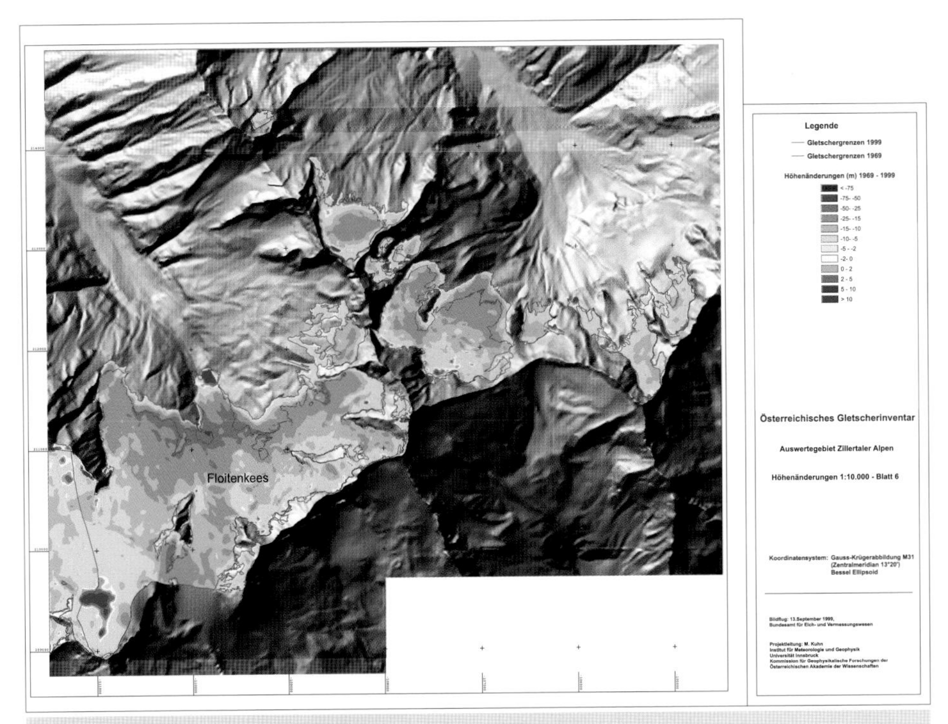

Zillertaler Alpen, Blatt 6, Differenzen

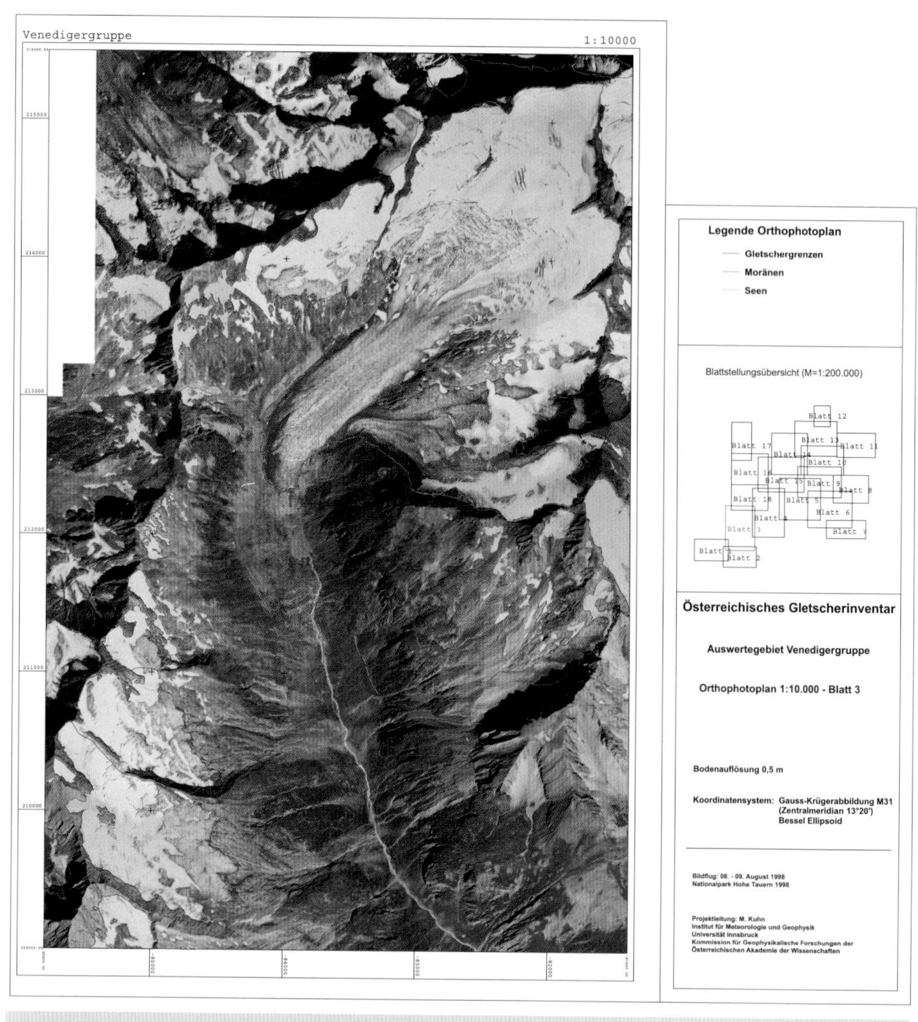

Venedigergruppe, Blatt 3, Orthophoto

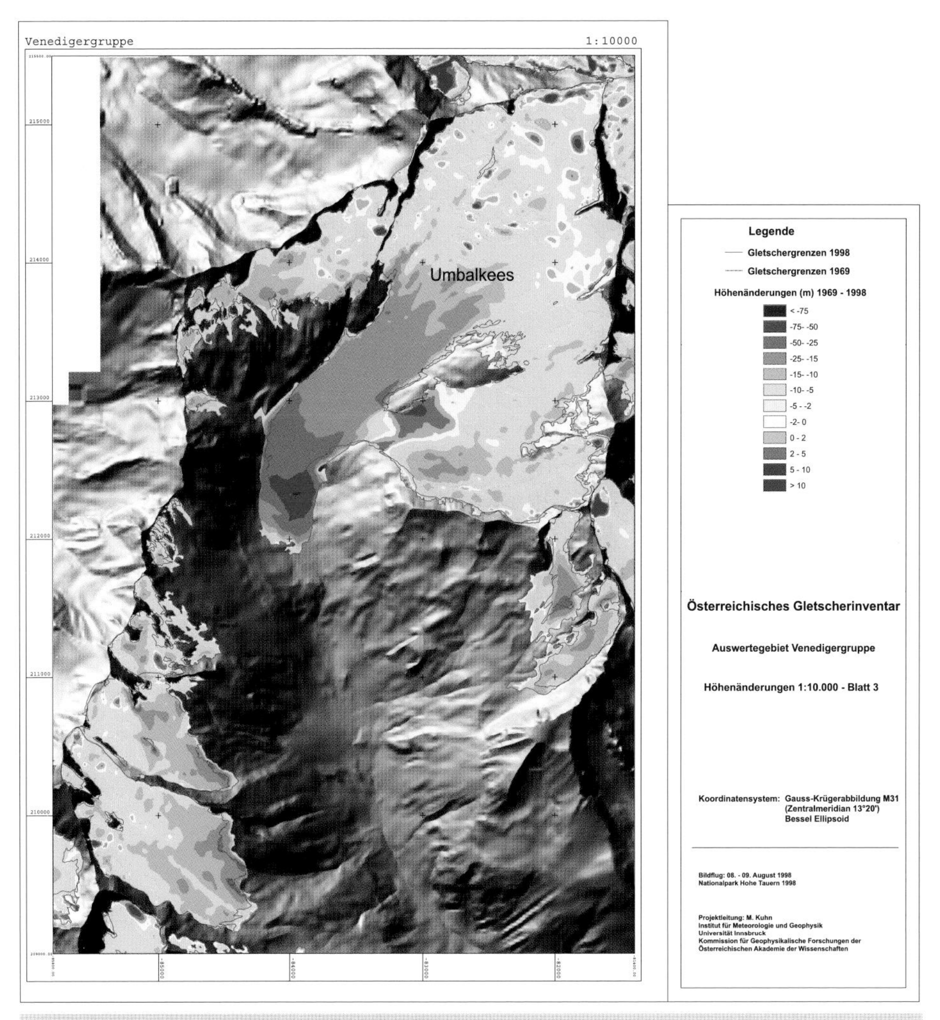

Venedigergruppe, Blatt 3, Differenzen

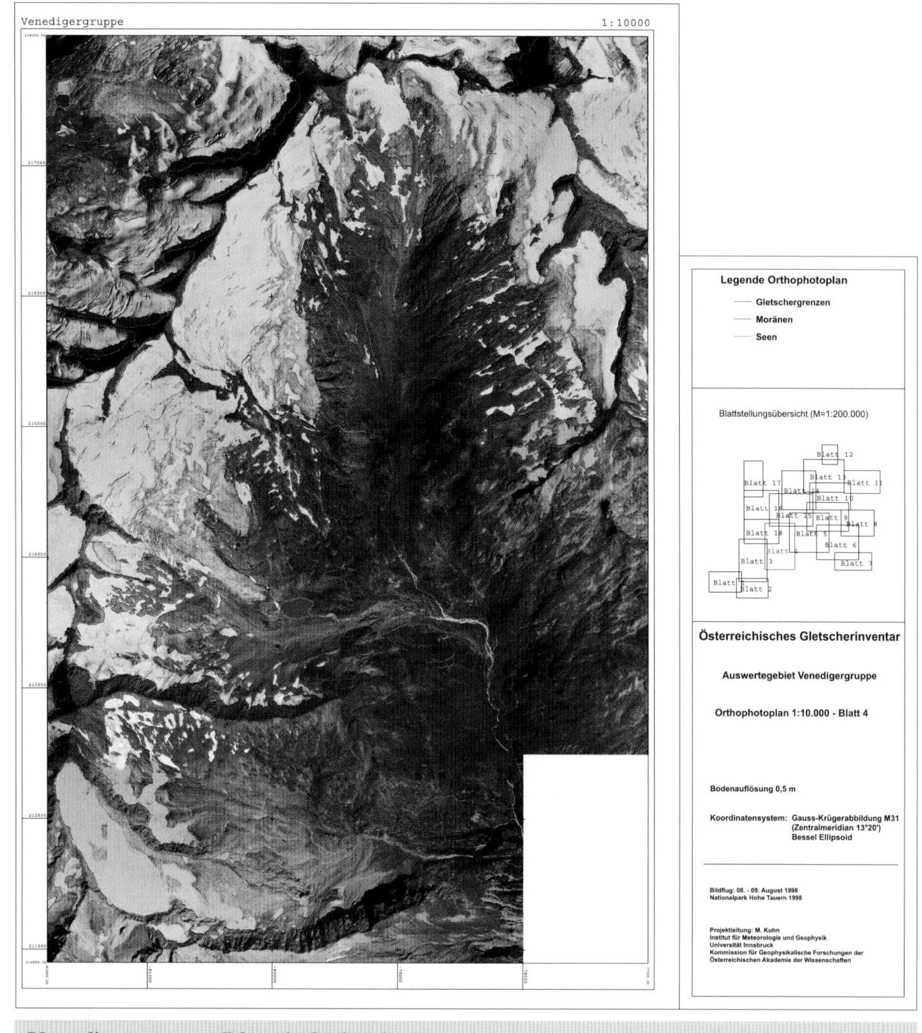

Venedigergruppe, Blatt 4, Orthophoto

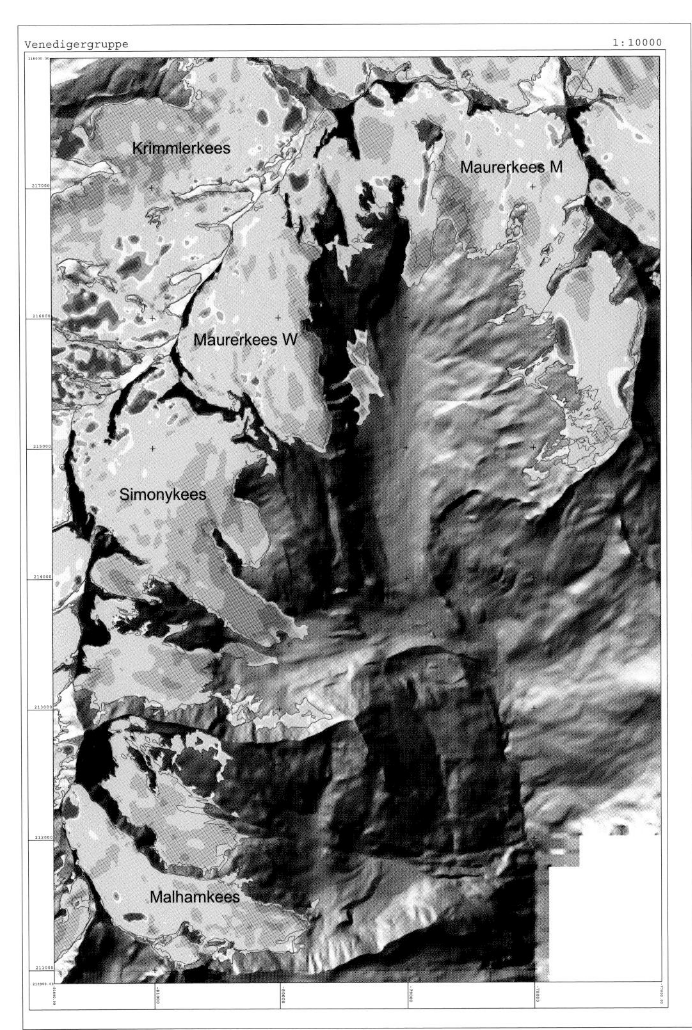

Venedigergruppe, Blatt 4, Differenzen

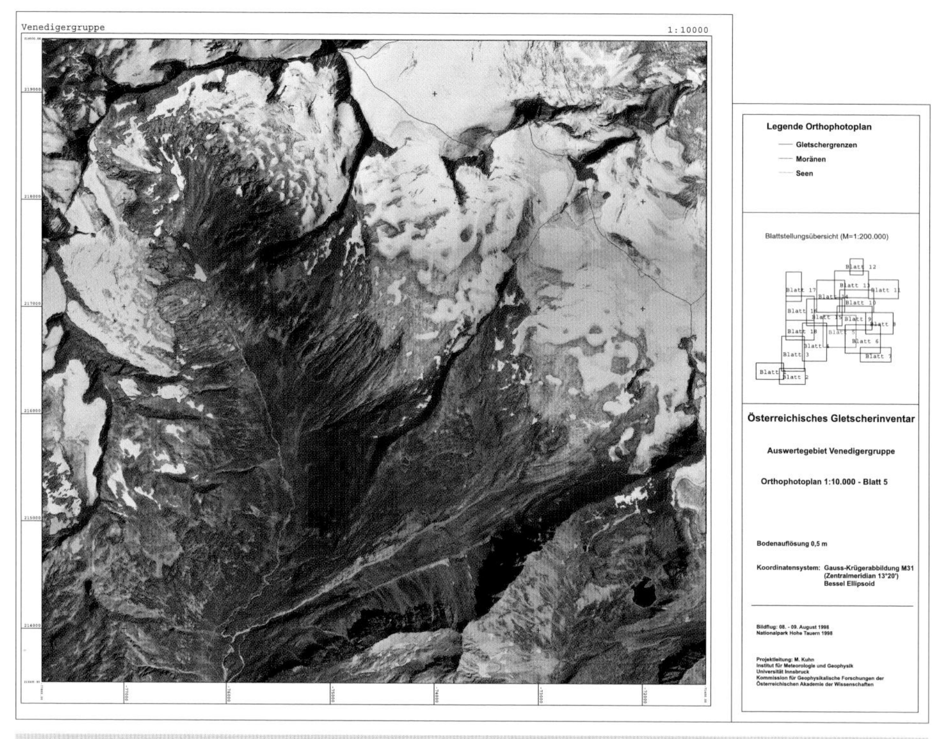

Venedigergruppe, Blatt 5, Orthophoto

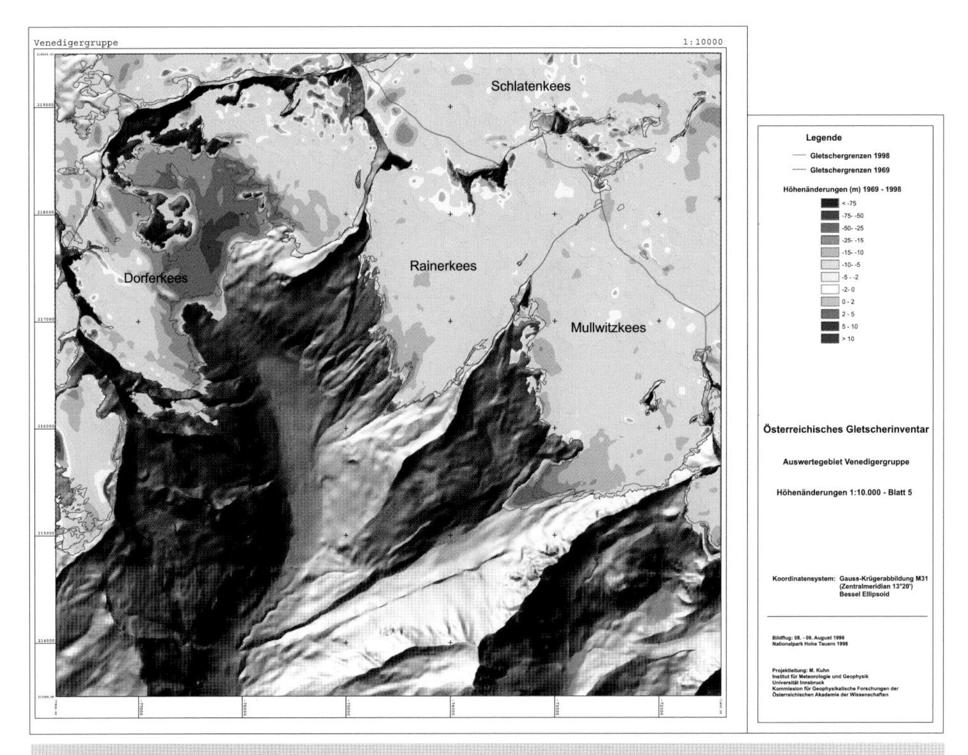

Venedigergruppe, Blatt 5, Differenzen

Venedigergruppe, Blatt 6, Orthophoto

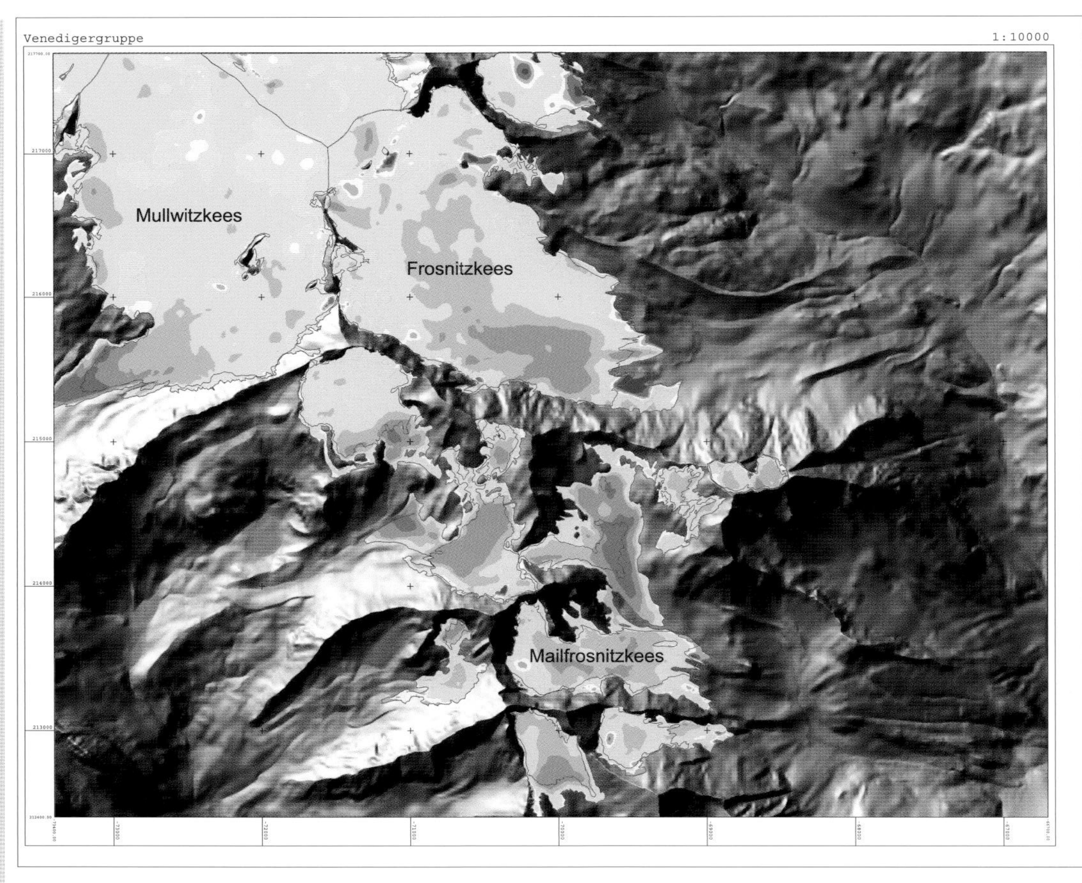

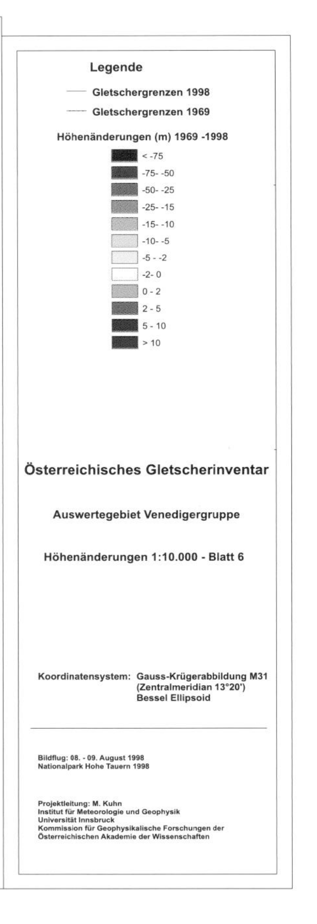

Venedigergruppe, Blatt 6, Differenzen

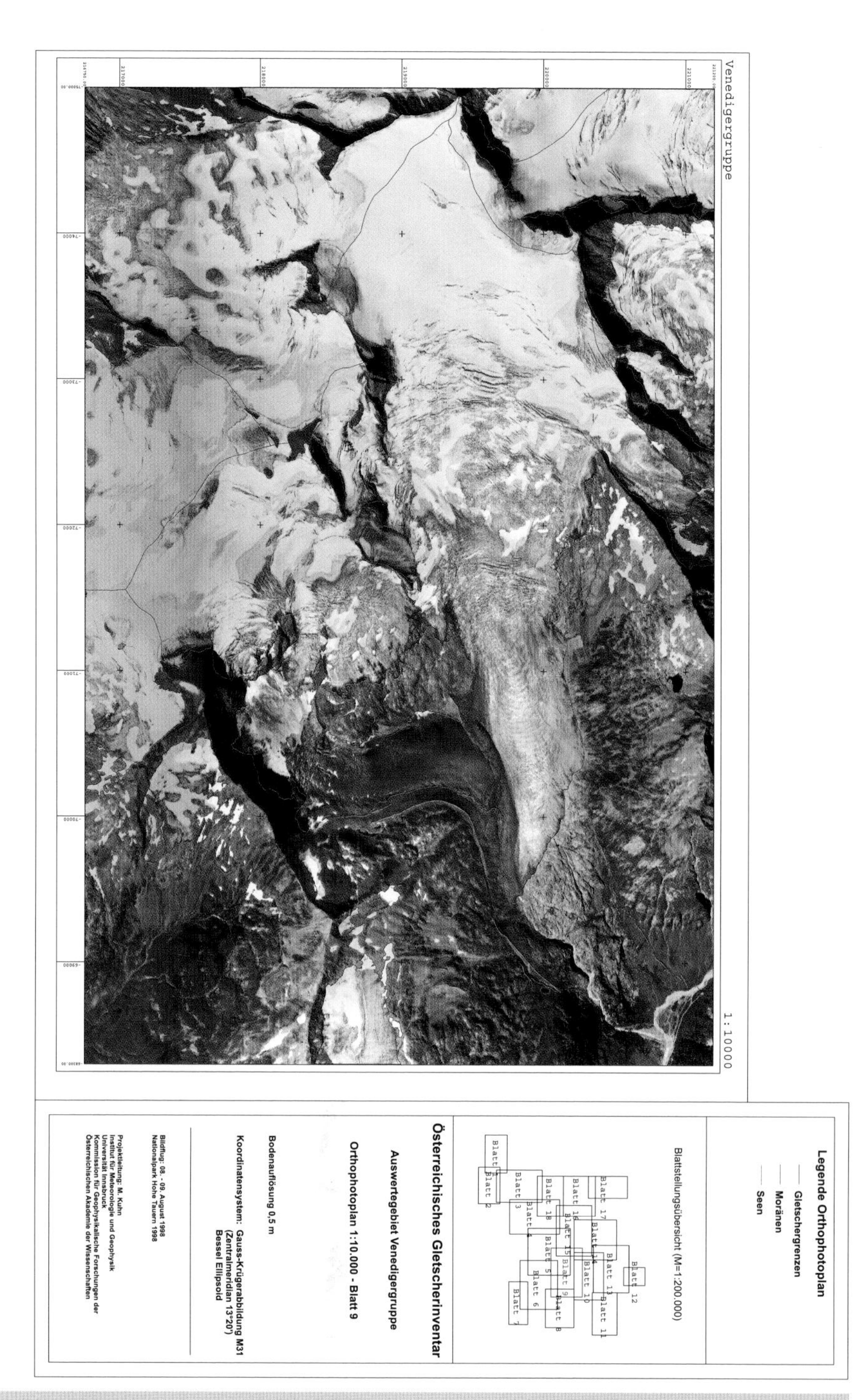

Venedigergruppe, Blatt 9, Orthophoto

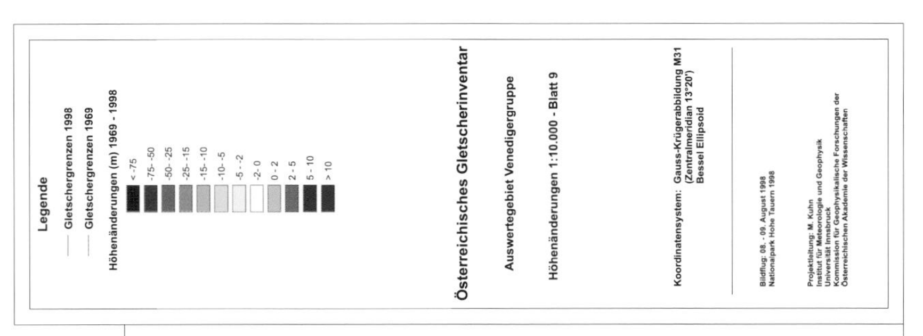

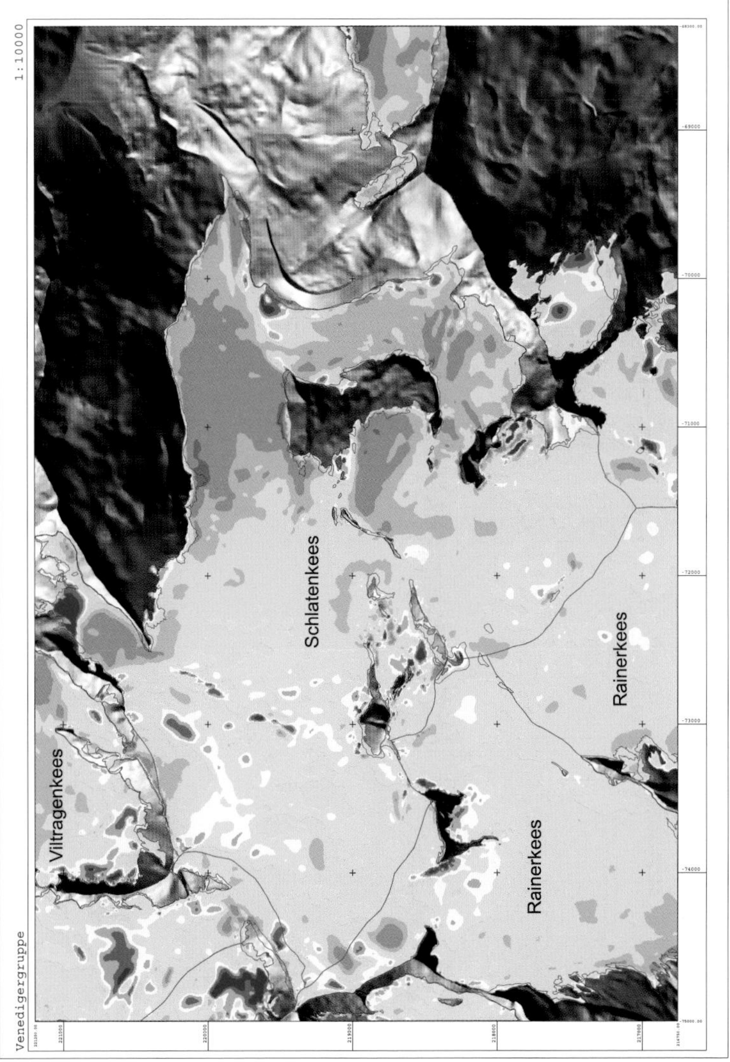

Venedigergruppe, Blatt 9, Differenzen

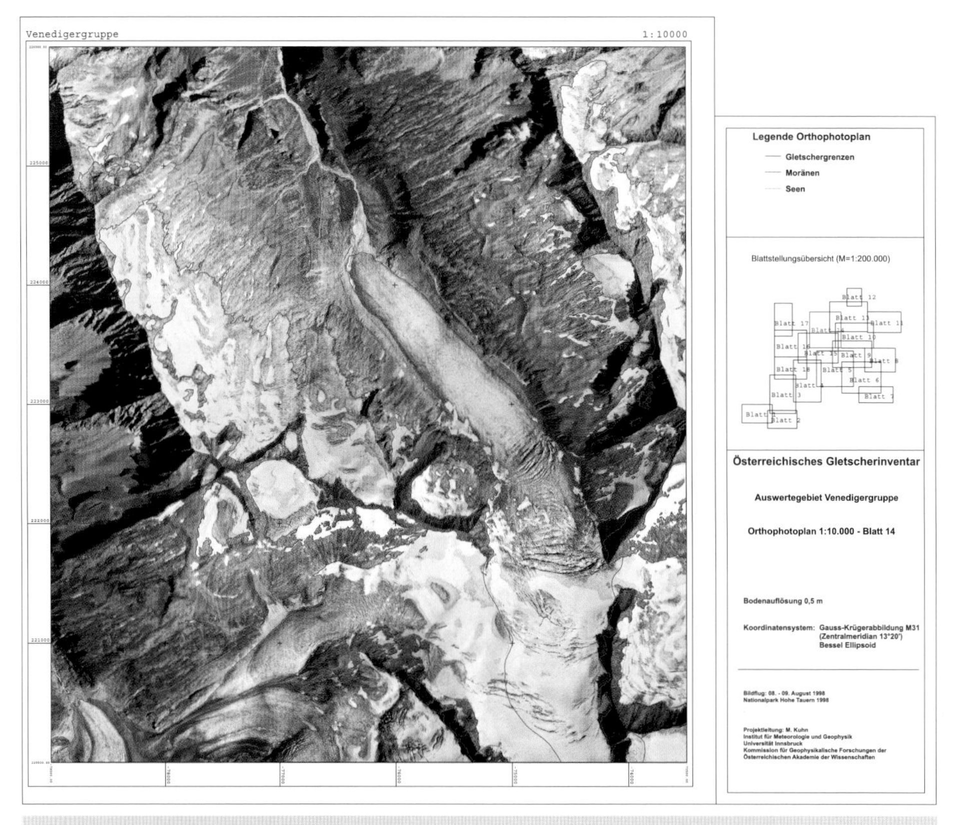

Venedigergruppe, Blatt 14, Orthophoto

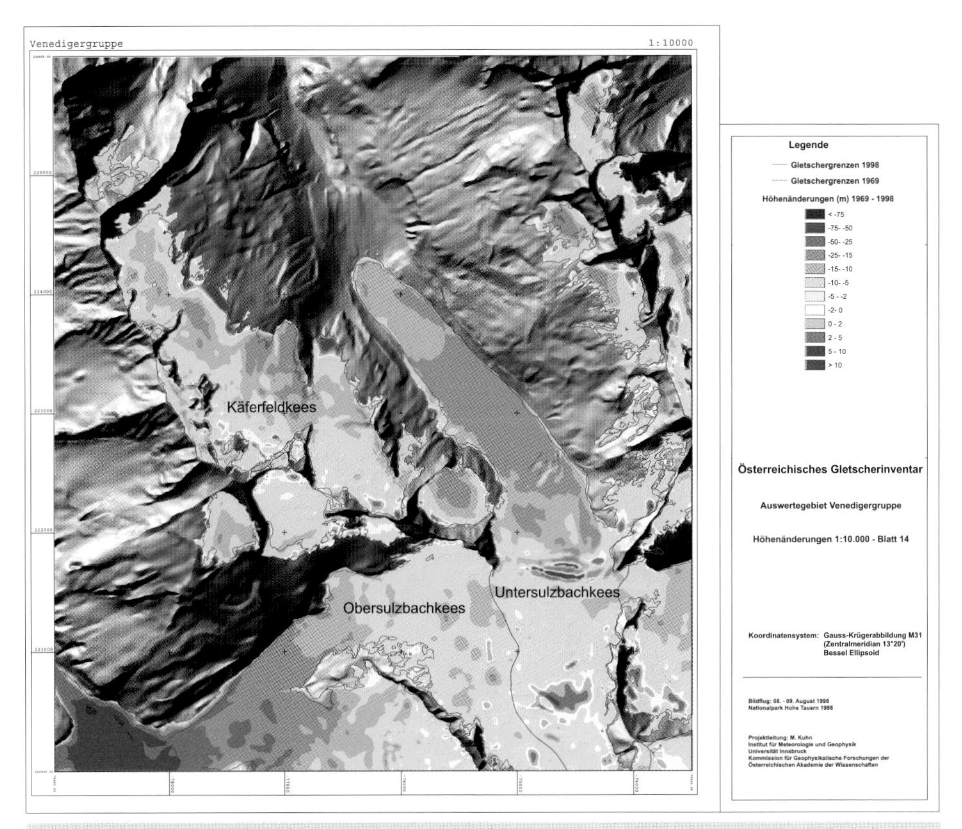

Venedigergruppe, Blatt 14, Differenzen

Venedigergruppe, Blatt 15, Orthophoto

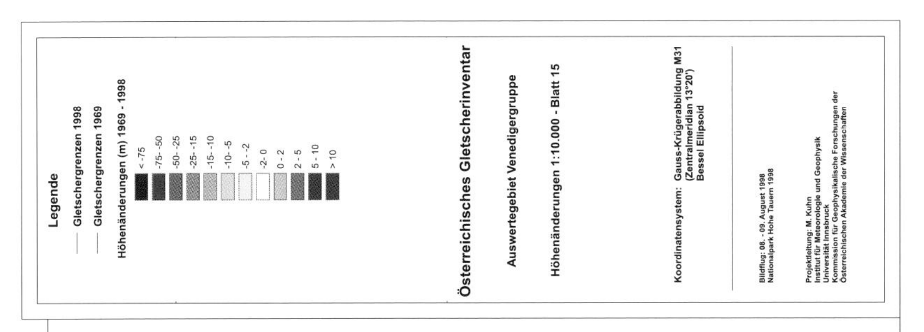

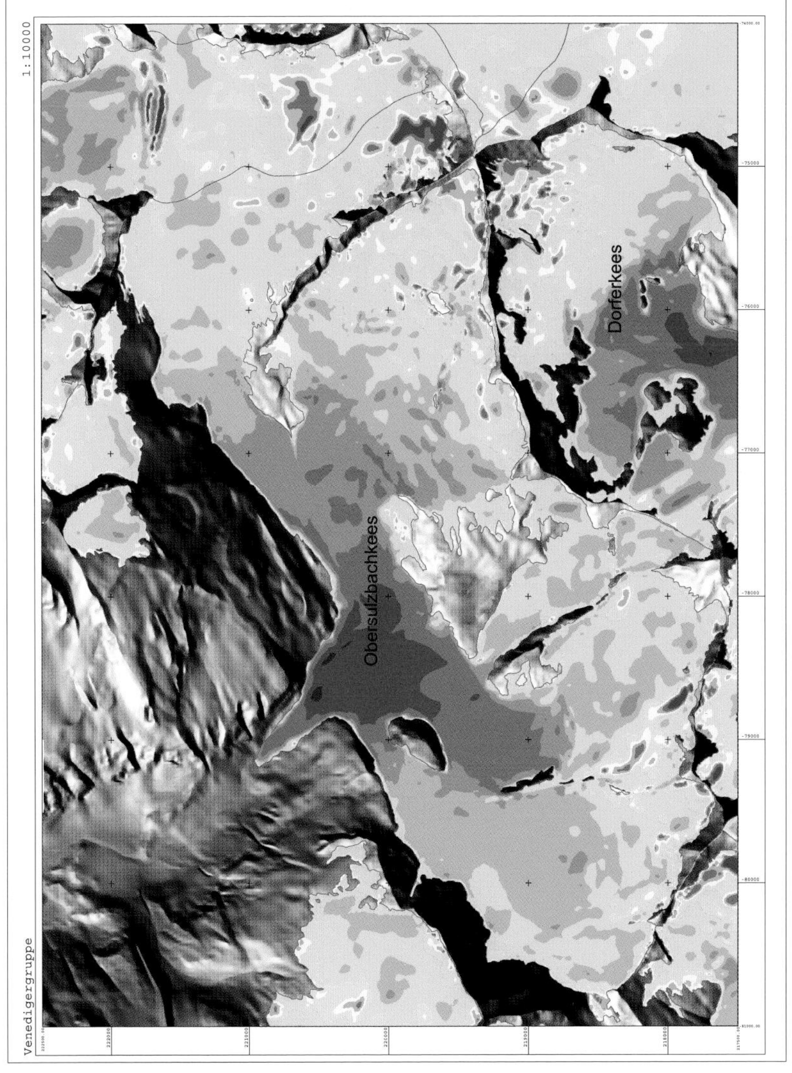

Venedigergruppe, Blatt 15, Differenzen

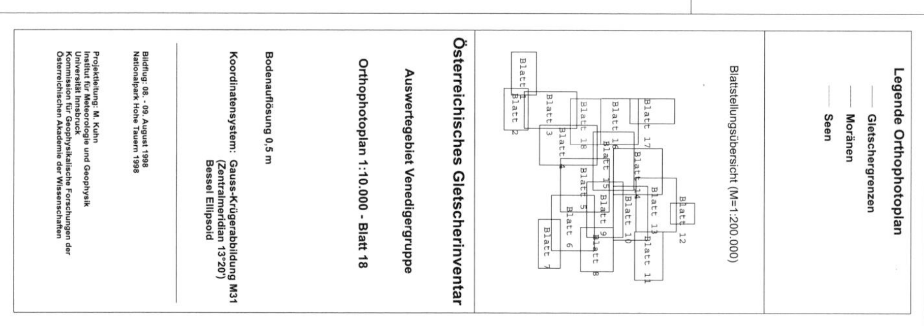

Venedigergruppe, Blatt 18, Orthophoto

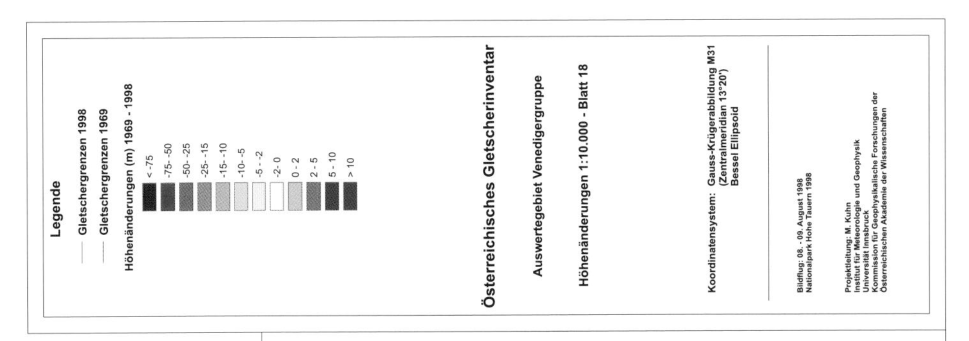

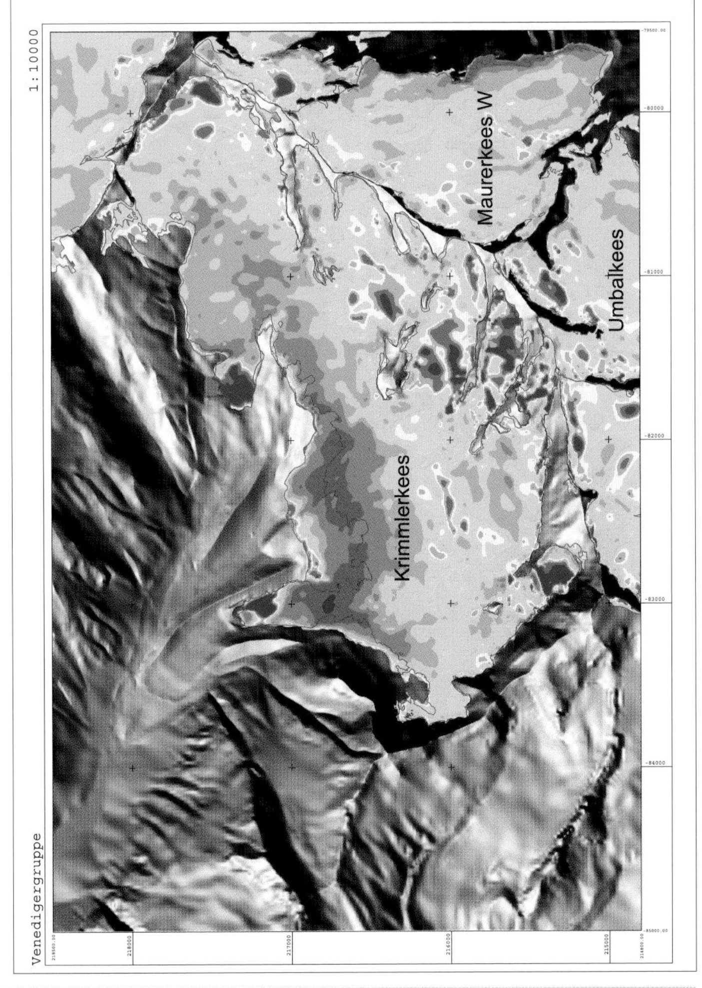

Venedigergruppe, Blatt 18, Differenzen

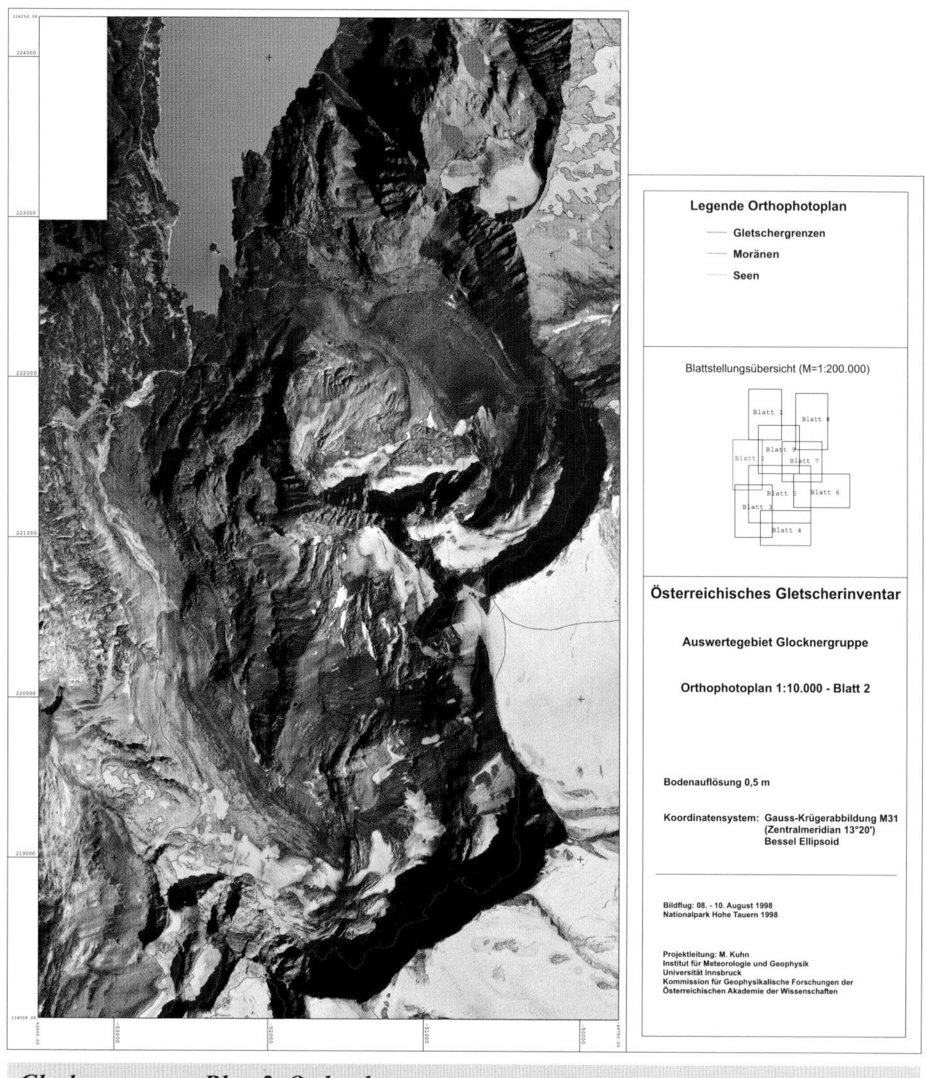

Glocknergruppe, Blatt 2, Orthophoto

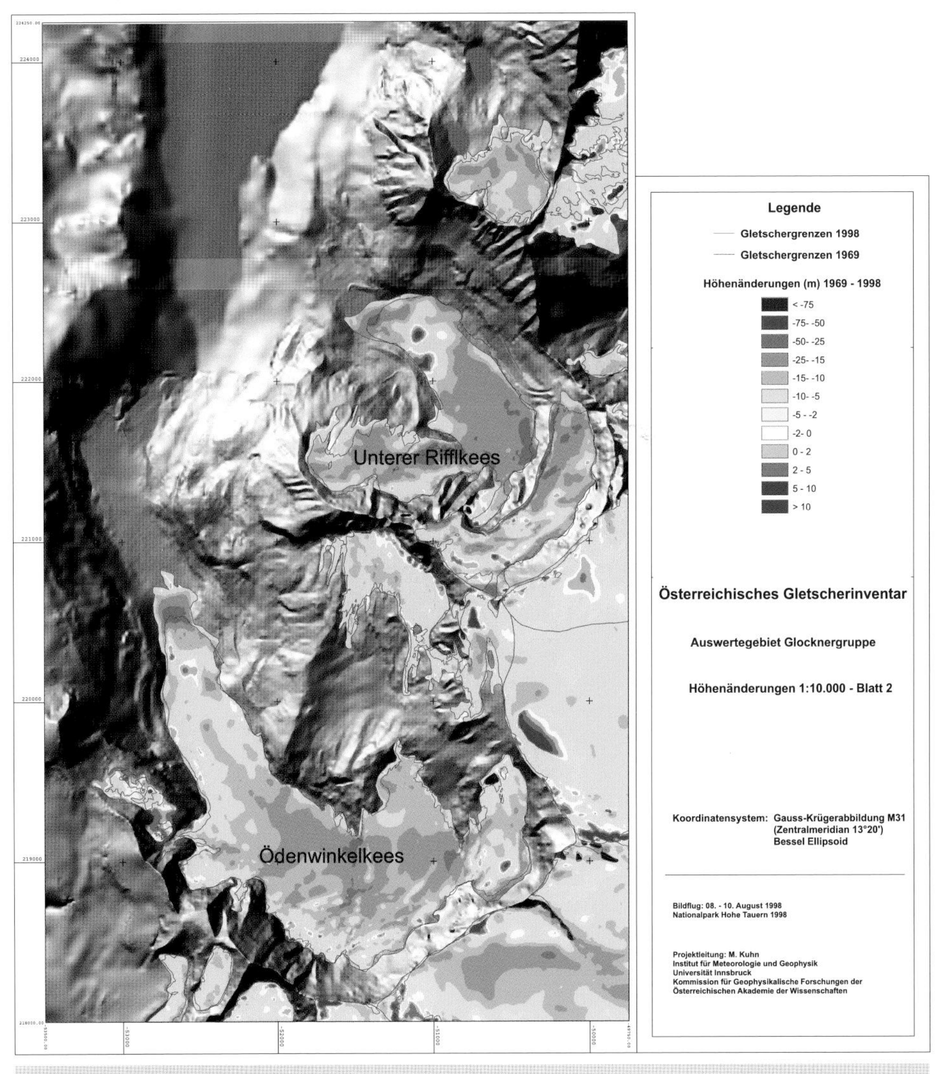

Glocknergruppe, Blatt 2, Differenzen

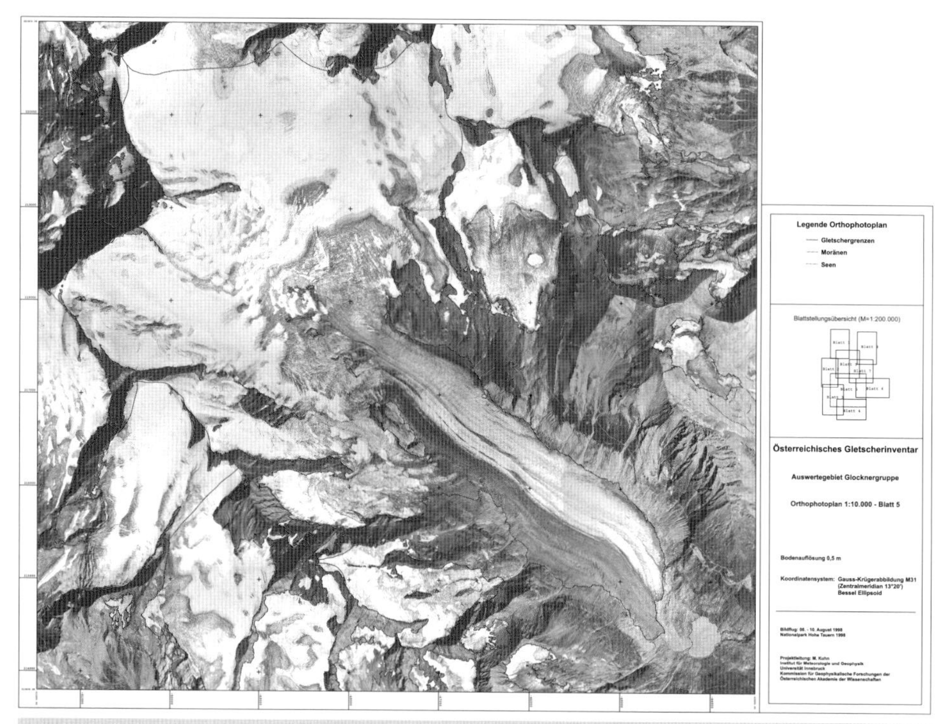

Glocknergruppe, Blatt 5, Orthophoto

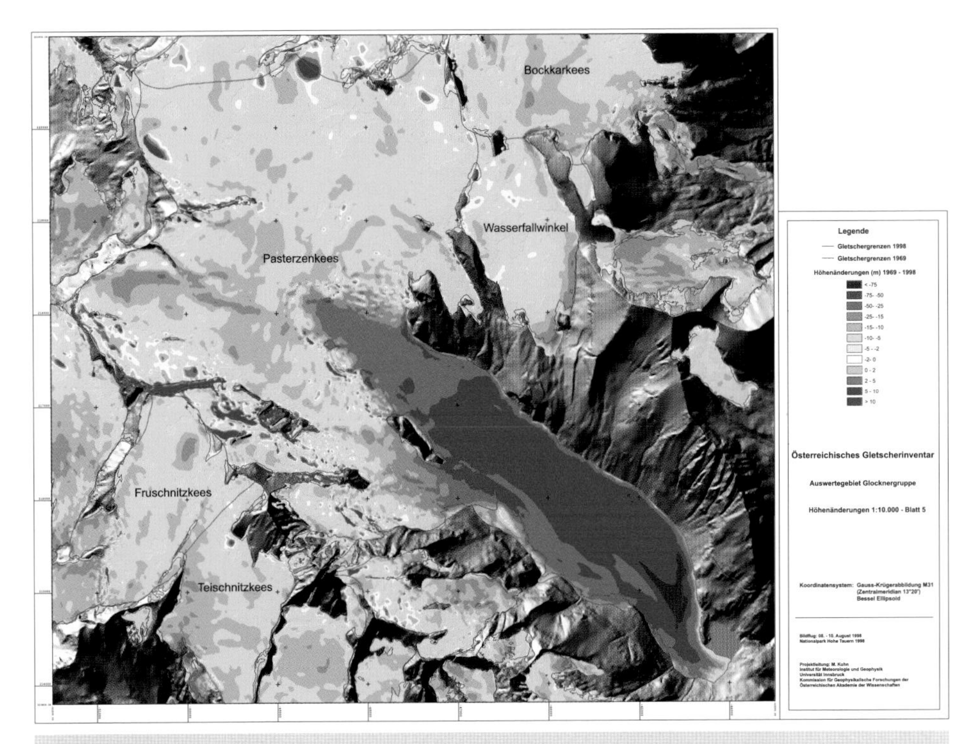

Glocknergruppe, Blatt 5, Differenzen

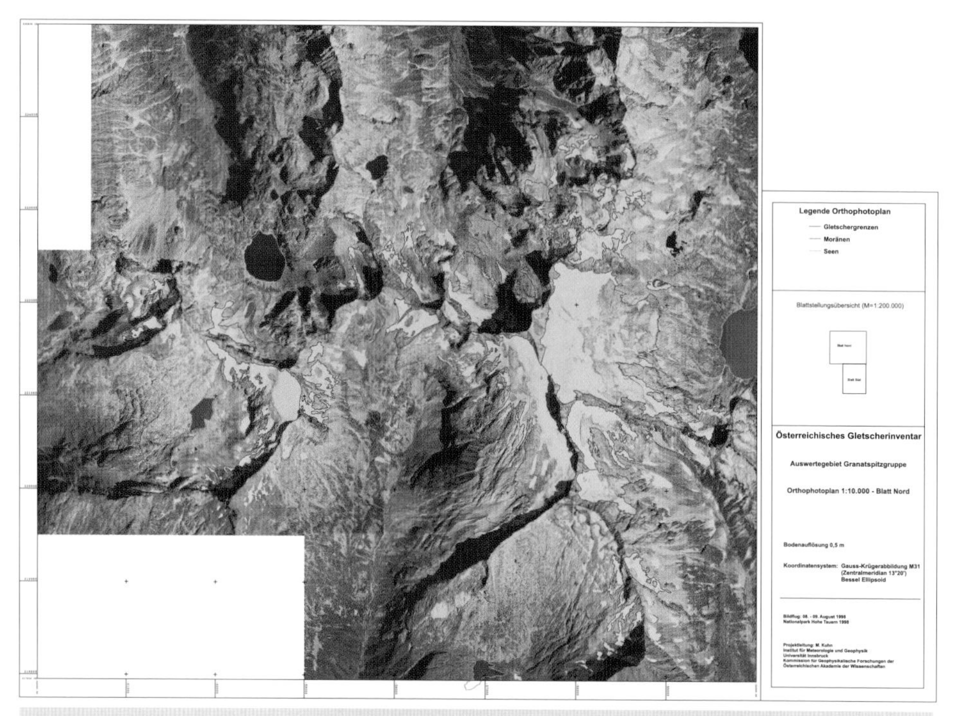

Granatspitzgruppe, Granat_Nord, Orthophoto

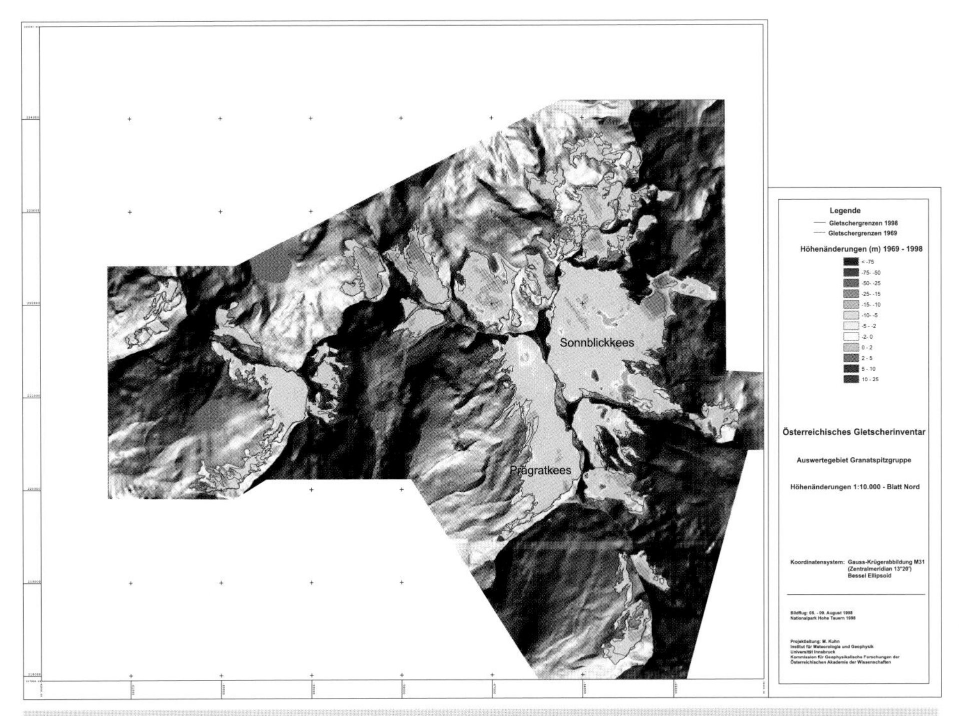

Granatspitzgruppe, Granat_Nord, Differenzen

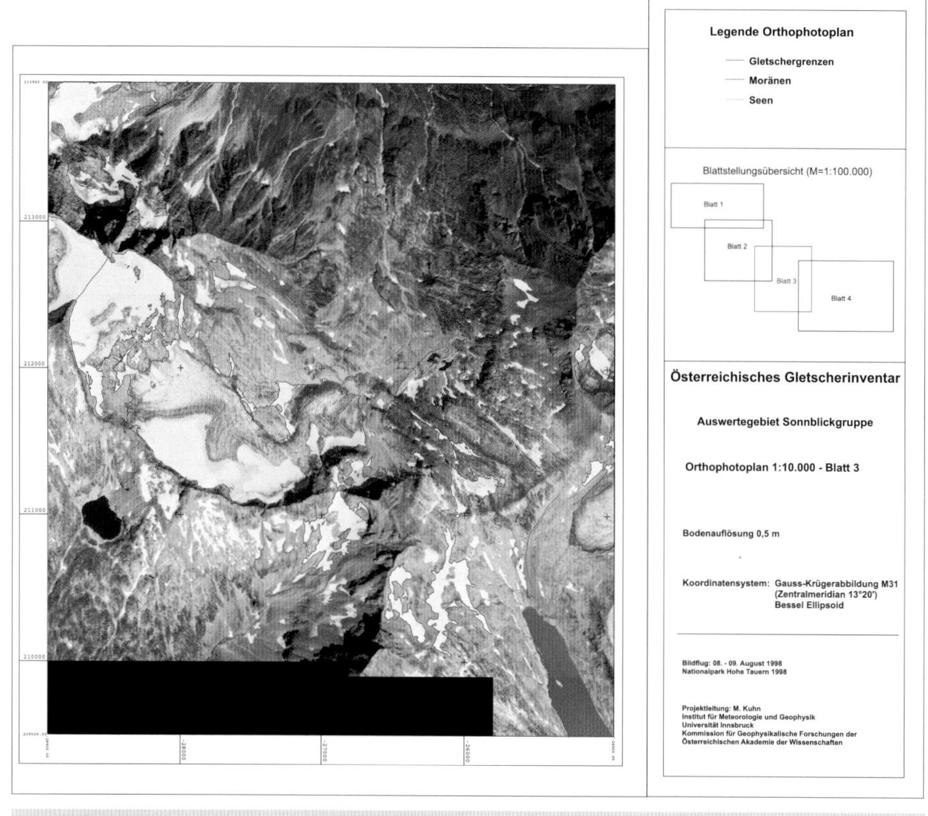

Sonnblickgruppe, Blatt 3, Orthophoto

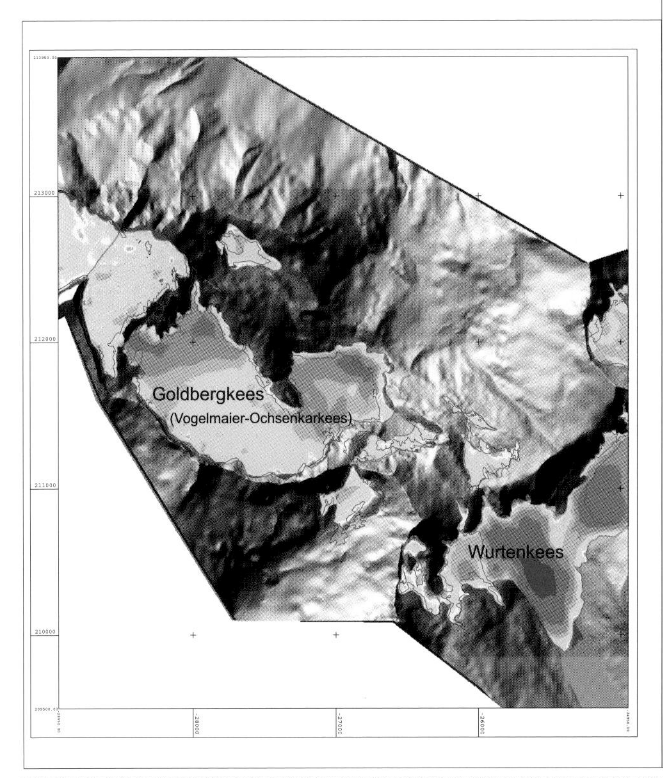

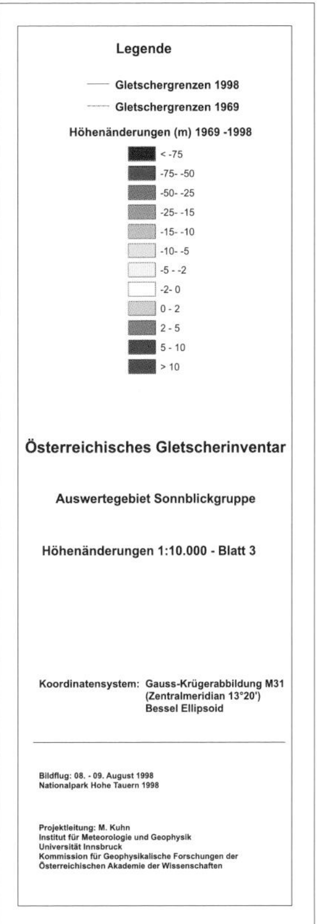

Sonnblickgruppe, Blatt 3, Differenzen

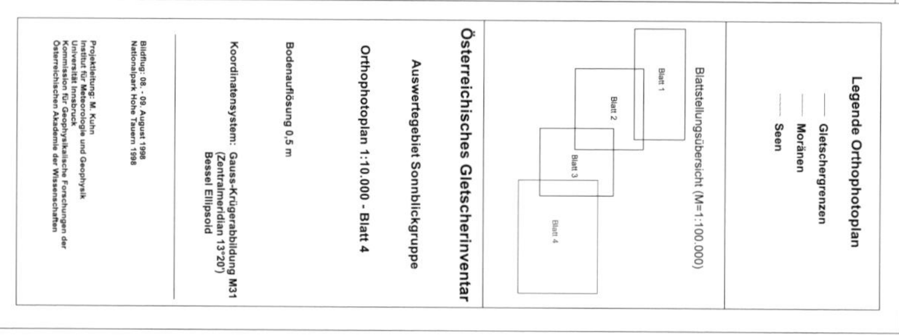

Sonnblickgruppe, Blatt 4, Orthophoto

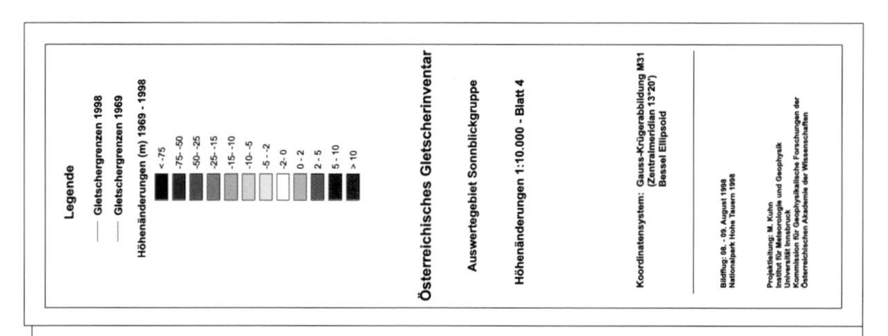

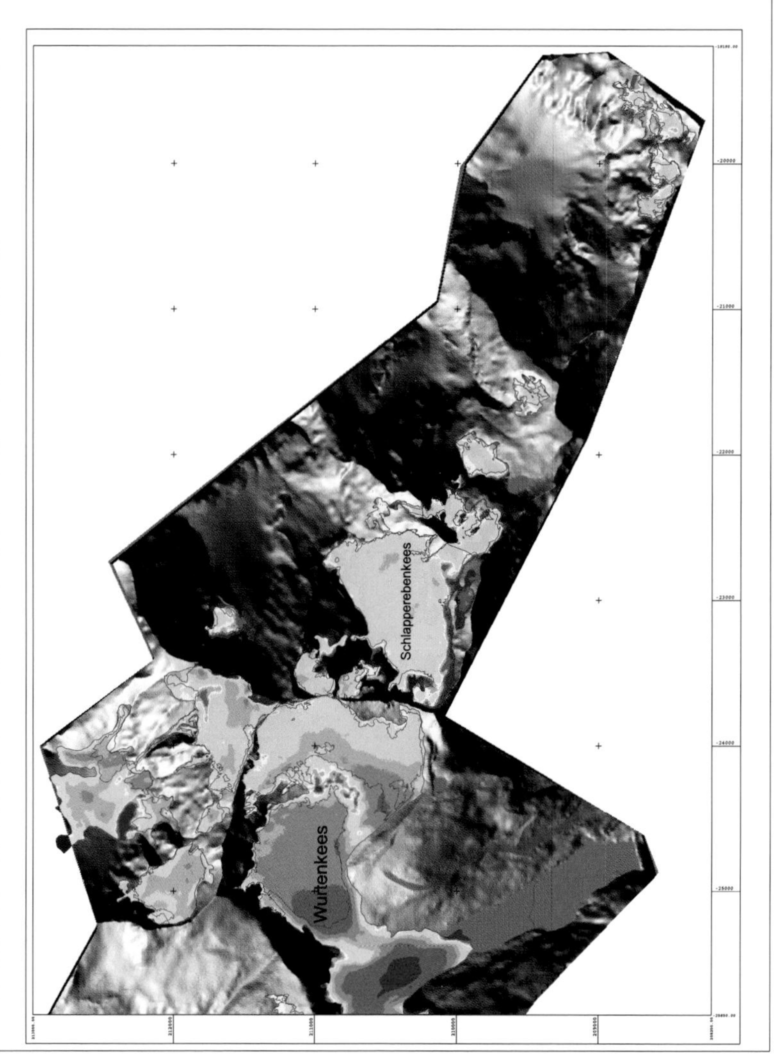

Sonnblickgruppe, Blatt 4, Differenzen

Dachsteinblatt, Orthophoto

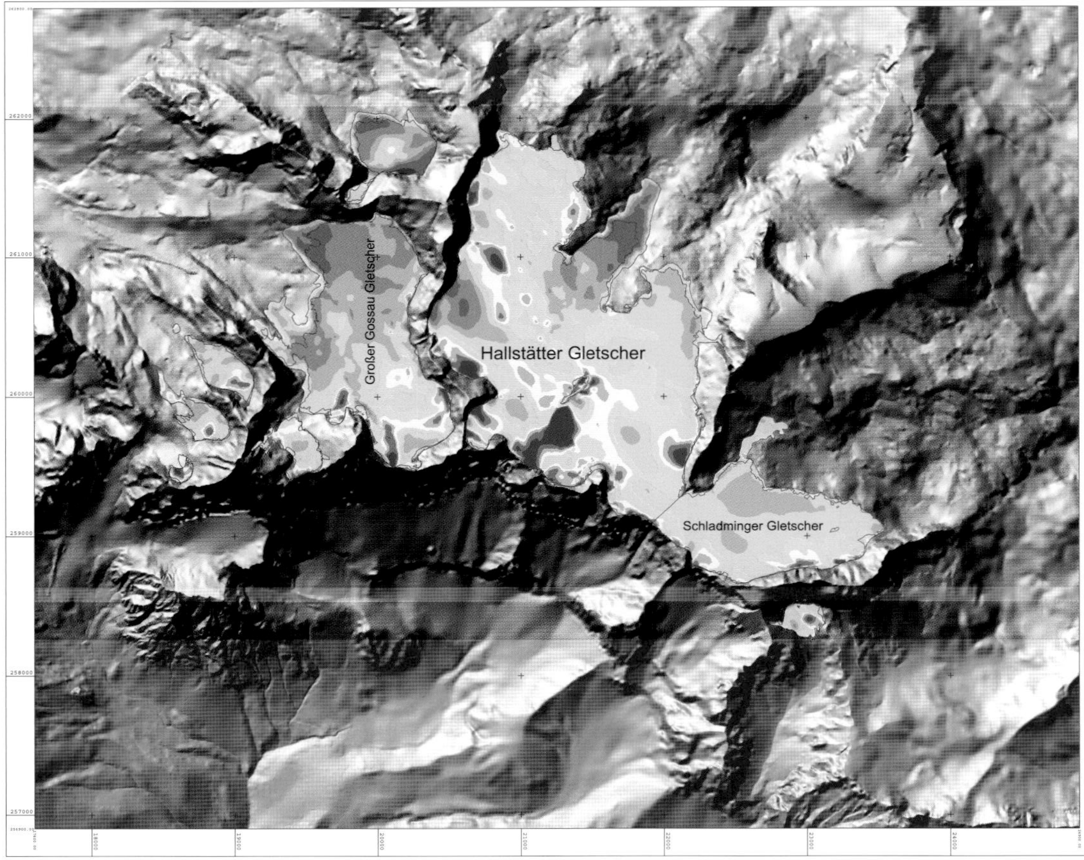

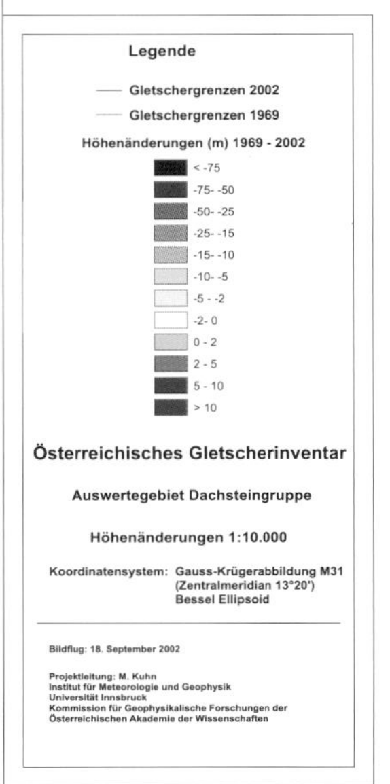

Dachsteinblatt, Differenzen

10 Quellenhinweise

Brunner, K. und H. Rentsch, 2002: Das Verhalten der Waxeggkees in den Zillertaler Alpen von 1950 bis 2000. Zeitschrift für Gletscherkunde und Glazialgeologie 38 (1), 63–69.

Fischer, A., Span, N., Kuhn, M. und M. Butschek, 2007: Radarmessungen der Eisdicke österreichischer Gletscher. Band II: Messungen 1999 bis 2006. Österreichische Beiträge zu Meteorologie und Geophysik, Zentralanstalt für Meteorologie und Geodynamik, Wien, Heft 39, 142 S.

Groß, G., 1987: Der Flächenverlust der Gletscher in Österreich 1850–1920–1969. Zeitschrift für Gletscherkunde und Glazialgeologie 23 (2), 131–141.

Heipke, C., Rentsch, H., Rentsch, M. und R. Würländer, 1994: The digital Orthophoto Map Vernagtferner. Zeitschrift für Gletscherkunde und Glazialgeologie 30, 109–117.

Kuhn, M. und A. Lambrecht, 2006: Änderung von Gletschern in Österreich im 20. Jahrhundert. Hydrologischer Atlas Österreichs, Blatt 4.3, 3 Seiten.

Lambrecht, A. und M. Kuhn, 2007: Glacier changes in the Austrian Alps during the last three decades, derived from the new Austrian glacier inventory. Annals of Glaciology 46, 177–184.

Müller, F. und K. Scherler, 1980: Introduction to the World Glacier Inventory. IAHS Publication no. 126, xiii–xx.

Patzelt, G., 1980: The Austrian Glacier Inventory: status and first results. IAHS Publication no. 126, 181–183.

Span, N., Fischer, A., Kuhn, M., Massimo, M. und M. Butschek, 2005: Radarmessungen der Eisdicke österreichischer Gletscher. Band I: Messungen 1995 bis 1998. Österreichische Beiträge zu Meteorologie und Geophysik, Zentralanstalt für Meteorologie und Geodynamik, Wien, Heft 33, 145 S.

Würländer, R., Rentsch, H. und K. Eder, 1997: Flächen und Volumina der österreichischen Gletscher – Pilotprojekt digitale Photogrammetrie. Interner Bericht, Lehrstuhl für Photogrammetrie der TU München.

Würländer, R. und K. Eder, 1998: Leistungsfähigkeit aktueller photogrammetrischer Auswertemethoden zum Aufbau eines digitalen Gletscherkatasters. Zeitschrift für Gletscherkunde und Glazialgeologie 34 (2), 167–185.

Würländer, R. und M. Kuhn, 2000: Zur Erstellung und Anwendung der Produkte des neuen österreichischen Gletscherkatasters. Salzburger Geographische Arbeiten 36, 57–67.

11 Abbildungsverzeichnis

12 Tabellenverzeichnis

Mag. Jakob Abermann

Jakob Abermann, Jahrgang 1981, ist in Rum bei Innsbruck geboren und in Innsbruck aufgewachsen. Nach seiner Matura am akademischen Gymnasium Innsbruck studierte er an den Universitäten Innsbruck, Bergen und Spitzbergen die Fächer Meteorologie, Geophysik und Glaziologie.

Seit 2003 nimmt er regelmäßig an glaziologischen Feldarbeiten des Instituts für Meteorologie und Geophysik der Universität Innsbruck teil.

Seit 2007 ist er Doktorand und Forschungsassistent der Kommission für geophysikalische Forschungen der Österreichischen Akademie der Wissenschaften. Er ist an diversen glazio-meteorologischen Projekten beteiligt und beschäftigt sich dabei mit der Bearbeitung des österreichischen Gletscherinventars und seiner Aktualisierung mit Airborne-Laserscanning-Daten sowie Messung der Fließgeschwindigkeiten am Kesselwandferner und am Blockgletscher äußeres Hochebenkar.

2008 nahm er an zwei Expeditionen nach Zackenberg in Nordost-Grönland teil, wo er schneechemische Untersuchungen durchführte.

Mag. Günther Groß

Gebürtig (1949) und aufgewachsen in Hohenems, führte ihn sein Bildungsweg über das Realgymnasium in Feldkirch im Jahre 1970 an die Universität Innsbruck.

Während seines Lehramtsstudiums für Geographie und Geschichte kam er als alpinistisch interessierter Student schon frühzeitig zuerst als sogenannter Gletscherknecht, dann durch die Diplomarbeiten (Schneegrenzberechnungen an den Gletschern der Silvrettagruppe; Bedeutung der hochgelegenen Pässe zwischen Montafon, Paznaun und Graubünden) und Gletschermessungen im Auftrag des Österr. Alpenvereins in den Stubaier Alpen (1973–2000) und der Silvrettagruppe (seit 1973) mit der Gletscherforschung in Kontakt.

Als Studien- und Universitätsassistent am Institut für Geographie in den Jahren 1973 bis 1984 konnten verschiedene gletscherkundliche Arbeiten abgeschlossen werden, darunter die Erstellung des ersten österreichischen Gletscherinventars (Leitung: Univ.-Prof. Dr.Gernot Patzelt) mit Gletscherstand 1969 sowie die Kartierung und Berechnung der Gletscherhochstände um 1920 und 1850. Seit 1984 ist er als AHS-Lehrer am Bundesgymnasium Bludenz tätig. In Thüringerberg wohnhaft, bewirtschaftet er neben seiner Lehrtätigkeit und den lokalen gletscherkundlichen Aktivitäten mit seiner Familie einen kleinen landwirtschaftlichen Hof.

Dr. Astrid Lambrecht

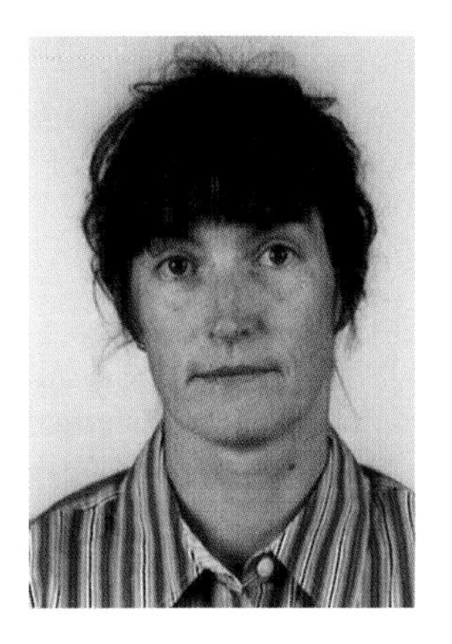

Geboren 1968; von 1988 bis 1994 Studium an der Technischen Universität Clausthal; von 1994 bis 1998 Promotionsstudium an der Universität Bremen zum Thema „Untersuchungen zu Massenhaushalt und Dynamik des Ronne Ice Shelfs, Antarktis“ und wissenschaftliche Mitarbeit am Alfred-Wegener-Institut für Polar- und Meeresforschung (AWI), Bremerhaven.

Von 1998 bis 1999 TerraData, Bissendorf: Seismisches Datenprozessing in der Erdölprospektion; 1999 bis 2001 wissenschaftliche Mitarbeiterin am Institut für Meteorologie und Geophysik, Universität Innsbruck im Rahmen des Projektes „Objektive Verfahren für die Analyse hochauflösender Satellitendaten für die alpine Raumordnung“;

2001 bis 2004 wissenschaftliche Mitarbeiter am AWI u.a. im Rahmen der Vorbereitung der Expedition und Mitarbeit bei der Eiskerntiefbohrung im Bohrteam, u.a. Durchführung von Messungen am Eiskern sowie der Eiskerntiefbohrung und Aufbau/Wartung geophysikalischer Messgeräte an der Traversenroute;

2003 wissenschaftliche Mitarbeit am Institut für Meteorologie und Geophysik, Universität Innsbruck im Rahmen des Projektes Development of Operational Monitoring System for European Glacial Areas (OMEGA);

seit 2004 wissenschaftliche Mitarbeiterin am Institut für Meteorologie und Geophysik, Universität Innsbruck.

Forschungsschwerpunkte: Österreichisches Gletscherinventar, Glaziologie und Hydrologie schuttbedeckter Gletscher.

Teilnahme an Expeditionen zur Durchführung glaziologischer und geophysikalischer Untersuchungen:

Antarktis: 1994, 1995, 1997, 2002, 2003, 2004

Grönland: 1996

Gletscher im Karakorum, Tien Shan, Kaukasus, Altai: 2004, 2005, 2006, 2007, 2008.

o. Univ.-Prof. Dr. Michael Kuhn, k.M.

Geboren 1943, Leiter des Instituts für Meteorologie und Geophysik der Universität Innsbruck, Obmann der Kommission für Geophysikalische Forschungen der Österreichischen Akademie der Wissenschaften.

Spezialisiert auf Schnee, Eis, und Klimaschwankungen, seit 1962 meteorologische und glaziologische Arbeiten in den Alpen, 1964 glaziologische und ozeanographische Arbeiten auf den arktischen Eisinseln ARLIS 2 und 3, 1966 bis 1968 Überwinterung auf der Plateau-Station, Antarktis, weitere antarktische Arbeiten 1969, 1970, 1974, 1978; Anstellungen beim Arctic Institute of North America, University of Melbourne, Australien, Ohio State University, University of Washington. 1990, 1995, 1996 Arbeiten in den Cold Regions Research and Engineering Laboratories, Hanover NH; von 1998 bis 2001 Mitglied der WG I des Intergovernmental Panels on Climate Change, IPCC.

Über 100 Veröffentlichungen zur Meteorologie, Klimatologie, Glaziologie. 1987 bis 1995 Generalsekretär der Int. Association of Meteorology and Atmospheric Sciences; von 1991 bis 1995 Präsident der Int. Commission on Snow and Ice.

Korrespondierendes Mitglied der Österreichischen sowie der Bayerischen Akademie der Wissenschaften.

Univ.-Prof. Dr. Gernot Patzelt, k.M

1968 Studienabschluss mit Promotion zum Doktor phil. im Fach Geographie an der Universität Innsbruck; von 1968 bis 1970 Vertragsassistent am Institut für Meteorologie, 1970 bis 1979 Universitätsassistent am Institut für Geographie, 1979 Habilitation für das Fach Geographie an der naturwissenschaftlichen Fakultät der Universität Innsbruck;

1980 bis 1999 Leiter des Forschungsinstitutes für Hochgebirgsforschung und der Alpinen Forschungsstelle Obergurgl, 1992 Ernennung zum ao. Universitätsprofessor für Hochgebirgsforschung;
1994/96 Vorstand des Institutes für Geographie und seit 1999 Vorstand des Institutes für Hochgebirgsforschung und Alpenländische Land- und Forstwirtschaft.

Forschungsschwerpunkte: Gletscher- und Klimageschichtsforschung, Massenbewegungen (Bergstürze, fluviale Sedimentationsereignisse), historische Natur- und Kulturlandschaftsentwicklung im alpinen Bereich, Mitarbeit an Projekten der Antarktisforschung.

Seit 1995 über 20 Veröffentlichungen zur Klimatologie, Glaziologie, Geologie und Hochgebirgsforschung.

VERLAG DER ÖSTERREICHISCHEN AKADEMIE DER WISSENSCHAFTEN
WIEN 2008

Folgende Publikationen sind inzwischen erschienen:

- **Projektbericht 1:**
  Elisabeth Lichtenberger: Geopolitische Lage und Transitfunktion Österreichs in Europa. Wien 1999.
- **Projektbericht 2:**
  Klaus-Dieter Schneiderbauer und Franz Weber (mit einem Beitrag von Wolfgang Pexa): Stoß- und Druckwellenausbreitung von Explosionen in Stollensystemen. Wien 1999.
- **Projektbericht 3:**
  Elisabeth Lichtenberger: Analysen zur Erreichbarkeit von Raum und Gesellschaft in Österreich. Wien 2001.
- **Projektbericht 4:**
  Siegfried J. Bauer (mit einem Beitrag von Alfred Vogel): Die Abhängigkeit der Nachrichtenübertragung, Ortung und Navigation von der Ionosphäre. Wien 2002.
- **Projektbericht 5:**
  Klaus-Dieter Schneiderbauer und Franz Weber (mit einem Beitrag von Alfred Vogel): Integrierte geophysikalische Messungen zur Vorbereitung und Auswertung von Großsprengversuchen am Erzberg/Steiermark. Wien 2003.
- **Projektbericht 6:**
  Georg Wick und Michael Knoflach: Kardiovaskuläre Risikofaktoren bei Stellungspflichtigen mit besonderem Augenmerk auf die Immunreaktion gegen Hitzeschockprotein 60. Wien 2004.
- **Projektbericht 7:**
  Hans Sünkel und Alfred Vogel (Hrsg.): Wissenschaft – Forschung – Landesverteidigung: 10 Jahre ÖAW – BMLV/LVAK. Wien 2005.

- **Projektbericht 8:**
  Andrea K. Riemer und Herbert Matis: Die Internationale Ordnung am Beginn des 21. Jahrhunderts. Eigenschaften, Akteure und Herausforderungen im Kontext sozialwissenschaftlicher Theoriebildung. Wien 2006.

- **Projektbericht 9:**
  Roman Lackner, Matthias Zeiml, David Leithner, Georg Ferner, Josef Eberhardsteiner und Herbert A. Mang: Feuerlastinduziertes Abplatzverhalten von Beton in Hohlraumbauten. Wien 2007.

- **Projektbericht 10:**
  Michael Kuhn, Astrid Lambrecht, Jakob Abermann, Gernot Patzelt und Günther Groß: Die österreichischen Gletscher 1998 und 1969, Flächen- und Volumenänderungen. Wien 2008.